中国学生最想解开的

1001个
地球之谜

■总策划／邢 涛　■主 编／龚 勋

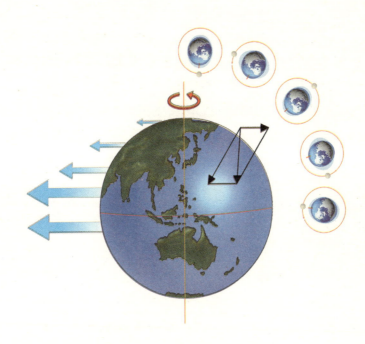

人民武警出版社

推荐序
Tui Jian Xu

让孩子眼中的世界
更精彩、更美妙！

　　孩子的好奇心是与生俱来的，孩子眼中的世界是神奇而又陌生的。那些在成人眼里早已见怪不怪的种种现象在孩子看来仍是一个个充满魔力的谜。孩子们在渐渐长大的过程中，应该充分体会探索未知的奇妙经历，充分享受破解迷惑的无穷乐趣，让他们的眼睛中永远闪烁着智慧与灵性的光芒，让世界在他们眼中一层层揭开其神秘的面纱，一步步展现其精彩与美妙！

　　为了能给小朋友们献上这样一份美妙的阅读大餐，本套书的编撰者们可说是动足了脑筋：他们让自己重新回到童年，又去当了一回孩子，用孩子那天真好奇的眼睛再次观察这个世界，把孩子们百思不得其解，问遍了周围大人也难以得到准确答案的问题又都问了个遍。他们不像传统的知识教育那样，从学科的"领域"、"体系"出发，而是根据儿童的心理与认知特点，从孩子的兴趣点入手，沿着他们的兴趣曲线娓娓道来，逐步深入，让他们在快乐的阅读过程中不知不觉去寻找一个个问题的答案，养成自己独立思考、解决问题的习惯，在认知世界的同时开启了智慧心门。

　　父母们也曾经是孩子，为我们带来快乐与智慧的好书是我们终生难忘的。在孩子正在睁开眼睛看世界的时候，送他一套陪伴他快乐度过孩童时期的好书，孩子们一定会永远感谢你！

世界儿童基金会　林喜雷

审定序
Shen Ding Xu

一趟满载优质知识的营养餐车

　　只要是孩子就会有好奇心，问问题找答案是人类儿童时期的天性。这种天性对孩子的心智成长非常重要。大量儿童心理学研究成果表明，儿童大脑的发育在13周岁以前是最快的。因而在儿童成长发育的开始，就应为其提供优质的知识营养。符合孩子身心成长条件的知识营养会为孩子的一生打下重要的基础。这套"学生眼中的世界"系列丛书就是这样一趟满载着优质知识的营养餐车。

　　这套书共分为八册，涉及了宇宙、地球、历史、军事、艺术、动物、恐龙、植物八个对于孩子认知世界最重要的领域。通过对幼儿园、学校、孩子、教师、家长、儿童心理学家和教育专家等人群的大量实地调查和资料分析，编撰者精心选取了孩子们最好奇、最有兴趣了解的各类知识，查证了国际上最新、最权威的学科研究成果，以保证国际同步的知识更新速度。为了培养孩子们独立阅读的习惯，本套书还特意加注了汉语拼音，在鼓励亲子共同阅读的同时，为孩子提供了另一种选择。

　　这套书所追求的不是简单地把知识硬塞给孩子们，而是让孩子们由被动灌输转变为主动吸收，保留他们探究未知的天性，激发他们攻克难题的兴趣。孩子们通过这样的锻炼，可以有效提高独立面对问题、迎接挑战的能力，让他们在这个竞争日益激烈的社会里，以健全的心智发展水平赢在成功的起跑线上！

中国儿童教育研究所　陈勉

前言
Qian Yan

奥妙无穷的地球家园
包罗万象的自然天地

面对五光十色的世界，孩子们的心中总有着问不完的"为什么"。地球是圆的吗？为什么天上会下雨呢？海洋又怎么会是蓝色的？……孩子身边的人们常常被问得支支吾吾、措手不及。为了让孩子们更好地了解我们的地球家园，我们特别针对学龄儿童的理解和接受能力，精心编撰了这本《中国学生最想解开的1001个地球之谜》。本书融合了知识性与趣味性，通过生动活泼的文字和图片，让孩子们对地球的知识形成正确的认知，从而开阔他们的眼界，扩大知识面，增强探索未知的欲望。

从孩子思考问题的角度出发，本书注意选取他们感兴趣的话题。首先介绍地球的基本概况，让孩子们确立"地球家园"的整体概念；接着详细介绍地球表面的各种地貌特征，列举常见的气候现象，并对其成因加以解释说明。每个问题都配有精美的图片、精心绘制的手绘原理图进行辅助说明。

我们衷心地希望这本《中国学生最想解开的1001个地球之谜》能成为孩子们生活中的良师益友。

目录
Mu Lu

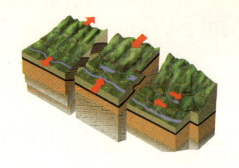

第一章 看看我们的地球家园

第二章　揭开地球的面纱

目录
Mu Lu

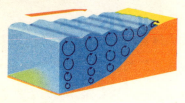

第三章　漫步地球表面

目录 Mu Lu

目录 Mu Lu

看看我们的地球家园

我们生活的地球是个美丽的大家园，因为它不仅有碧海、蓝天、白云，还有草木和花鸟，这些都是地球之外的星球所没有的。最初的地球天地间一片混沌，没有明朗的天地空间。随着时间的推移，地球经历了沧海桑田的变迁，才成了今天的模样。目前，地球仍会不时地操练一下地动山摇、火山喷发等把戏，但人类已经能够适应这风云变幻的一切，并在不断地探索中改造我们的地球家园。

为什么太阳系中只有地球存在生命?

我们的地球家园

地球上有花有草,还有很多可爱的小动物,是个生机勃勃的大家园。而且,太阳系中只有地球上才有生命。

生命的存在需要阳光、空气、水等生命营养物质,地球离太阳的距离比较适中,并拥有适当的体积和质量,能把大气、水分牢牢吸住,形成适合生命生存的生物圈。而其他星球则离太阳太近或太远了,生命难以生存。

地球是怎样形成的?

大约66亿年前,银河系中曾经发生过一次大爆炸,爆炸后的碎片物质聚集形成了包括原始地球在内的各个星球。随着时间的推移,原始地球上面渐渐地出现了岩石、地壳、海洋和大气层。后来,地球又经历了沧海桑田的变迁,才成了我们今天所熟悉的样子。

地球的形成

地球有多大年纪了？

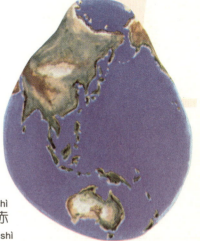

地球的成长历程

人类没有出现之前地球就存在了，那么地球究竟有多大年纪了呢？科学家通过测定岩石和陨石碎块，发现它的年龄大约为46亿年。地球可真是个名副其实的"老爷爷"了！地球这段漫长的演化历史可分为孕育生命的"太古代"和"元古代"，开始出现古老生命的"古生代"，有了中等生物的"中生代"，生命体进化到高级阶段的"新生代"几个主要阶段。

地球是圆的吗？

我们通常在电视或画报上看到的地球都是圆形的，但你知道吗？地球其实是一个椭圆体。因为地球时刻都在自转着，它以自转轴为中心承受着离心力。而赤道处所受的离心力远远大于两极，于是，

地球的形状像鸭梨。

地球就渐渐地形成了一个赤道略鼓、两极稍扁的椭圆体，好像我们常吃的鸭梨，所以人们也把它称为"梨形体"。

地球有多重？
dì qiú yǒu duō zhòng

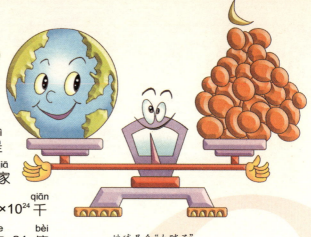
地球是个"大胖子"。

dì qiú nà me dà　tā dào
地球那么大，它到
dǐ yǒu duō zhòng ne　dì qiú kě shì
底有多重呢？地球可是
ge dà pàng zi　jīng kē xué jiā
个"大胖子"。经科学家
jì suàn　dì qiú de zhì liàng yuē wéi　qiān
计算，地球的质量约为 $6×10^{24}$ 千
kè　xiāng dāng yú yuè qiú zhì liàng de　bèi
克，相当于月球质量的 81 倍
ne　zhè cái shǐ dì qiú jù yǒu le qiáng yú yuè qiú de yǐn lì　cái chǎn shēng le yuè qiú
呢。这才使地球具有了强于月球的引力，才产生了月球
wéi rào zhe dì qiú xuán zhuǎn de xiàn xiàng
围绕着地球旋转的现象。

你知道地球的周长是多少吗？
nǐ zhī dào dì qiú de zhōu cháng
shì duō shǎo ma

xiǎo péng yǒu　nǐ zhī dào dì qiú de zhōu cháng shì duō
小朋友，你知道地球的周长是多
shǎo ma　jīng kē xué jiā cè liáng　dì qiú de zhōu cháng yuē
少吗？经科学家测量，地球的周长约
wéi　qiān mǐ　chì dào de zhí jìng yuē wéi　qiān
为 40077 千米，赤道的直径约为 12756 千
mǐ　bǐ lián jiē liǎng jí de zhí jìng cháng　qiān mǐ
米，比连接两极的直径长 42 千米。
dì yī ge suàn chū dì qiú zhōu cháng de rén shì gǔ xī
第一个算出地球周长的人是古希
là tiān wén xué jiā tuō sè ní　tā de cè liáng jié guǒ
腊天文学家托色尼，他的测量结果
yǔ dì qiú de shí jì zhōu cháng jǐn xiāng chà le　qiān
与地球的实际周长仅相差了 24 千
mǐ　shí zài shì hěn liǎo bu qǐ a
米，实在是很了不起啊！

地球的"腰围"很大哦！

你知道地球的总面积是多少吗？

我们都知道地球分为七大洲、四大洋，面积很大很大，那么地球的总面积究竟是多少呢？

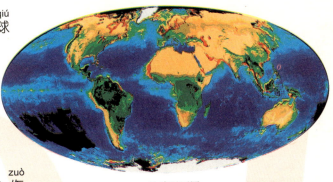

地球平面图

科学家通过科学方法作了精密的测算，测得地球的平均半径为6371.2千米，然后根据几何公式推算出地球的总面积大约是51000万平方千米，相当于53个中国那么大哦！

什么是地球离心力？

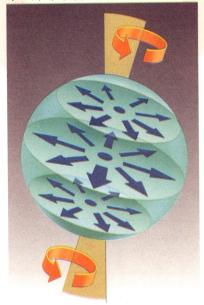

离心力在赤道处最大，两极处最小。

当你玩旋转木马的时候，有没有感觉到始终有一股力量在把你向外推？这是离心力在作怪！旋转着的物体都会产生离心力，地球也不例外。地球时刻不停地自转着，产生了惯性离心力，这种离心力使地球由两极向赤道逐渐膨胀，于是地球才成为了目前两极稍扁，赤道略鼓的椭圆体。

shén me shì dì xīn yǐn lì
什么是地心引力？

dāng nǐ tiào shéng de shí hou
当你跳绳的时候，
shì bù shì zǒng gǎn jué dào yǒu yī gǔ
是不是总感觉到有一股
wú xíng de lì liàng bǎ nǐ lā huí dì
无形的力量把你拉回地
miàn ne zhè dōu shì dì xīn yǐn
面呢？这都是地心引
lì dǎo de guǐ wǒ men cháng shuō de
力捣的鬼，我们常说的
zhòng lì yě shì dì xīn yǐn lì de yī
重力也是地心引力的一

跳绳时，地心引力总是将我们拉回地面。

zhǒng zhèng yīn wèi yǒu le dì xīn yǐn lì dì qiú biǎo miàn de gè zhǒng wù tǐ cái bù huì
种。正因为有了地心引力，地球表面的各种物体才不会
cóng dì qiú shang fēi chū qù yǔ hé xuě cái néng luò dào dì miàn shang wǒ men cái néng zài
从地球上飞出去，雨和雪才能落到地面上，我们才能在
dì qiú shang shēng huó
地球上生活。

dì qiú yí yǒu nǎ xiē yòng tú
地球仪有哪些用途？

地球仪

wèi le gèng hǎo de yán jiū rén lèi de   dì
为了更好地研究人类的"地
qiú jiā yuán rén men jīng cháng shǐ yòng yī zhǒng shí fēn
球家园"，人们经常使用一种十分
xíng xiàng de lì tǐ yí qì zhè zhǒng yí qì jiù shì
形象的立体仪器，这种仪器就是
dì qiú yí dì qiú yí bù jǐn kě yǐ shǐ wǒ men
地球仪。地球仪不仅可以使我们
qīng chu de liǎo jiě dì qiú biǎo miàn shang shì wù de fēn
清楚地了解地球表面上事物的分
bù guī lù hái néng bāng zhù rén men liáng suàn jù lí gū
布规律，还能帮助人们量算距离、估
suàn hǎi bá yǔ xiāng duì gāo dù yǐ jí què dìng qí tā de
算海拔与相对高度，以及确定其他的
dì qiú jī běn zī liào gèng kě yǐ yǎn shì dì qiú de zì
地球基本资料，更可以演示地球的自
zhuàn hé gōng zhuàn ne
转和公转呢！

什么是经线和经度？

相信你一定注意到地球仪上一条条的线圈了吧，它们是什么呢？其实这些线圈都是人们为了确定方位而假想出来的，竖着连接南北两极的线就是经线了。因为每条经线都长

我们在地图上能清晰地看出所标示的经线和经度。

成一个样子，为了区别，人们给它标注了度数，就是"经度"。人们把通过英国格林威治天文台原址的那一条经线定为0°，也叫"本初子午线"，由0°经线往东往西各分180°。

什么是纬线和纬度？

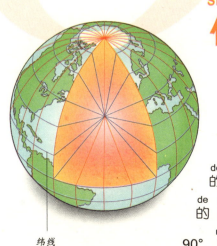
纬线

在地球仪上，方向与经线相反，且与经线垂直相交的线就是纬线了。每条纬线都是与赤道平行的线圈，它指示着东西方向。赤道的纬度为0°，自赤道向南、向北各有90°，南纬90°是南极，北纬90°就是北极了。

你知道什么是日界线吗？

除了经线和纬线，地球上还有一条非常重要的线——日界线，人们将经度为180°的经线叫做日界线。这条线穿过北极附近的白令海峡，通过太平洋。它可神奇了，越过日界线时，日期都要发生变更。由东向西越过日界线，日期就增加一天，由西向东越过日界线，日期就减少一天。它可是日期的界限哦！

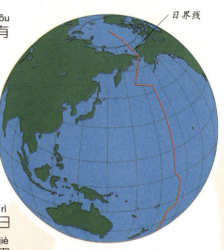

日界线

日界线可是日期的界限哦！

你知道什么是赤道吗？

转动地球仪，你就会发现，在0°纬线处有一条特别明显的线，就像是地球的一条"腰带"，这条线就是赤道，是最大的纬线圈，其他纬线圈都要与它平行。南北两个半球就是由赤道开始划分的，而且赤道上任何一点到南北两极的距离都是相等的呢。

北极圈

欧洲

北极

北美

回归线

赤道

地球的腰带——赤道

shén me shì nán běi huí guī xiàn
什么是南北回归线？

北回归线

南回归线

南北回归线

打开地图册，或者
转动地球仪，可以看
到在赤道附近，南、北纬
23°27′的地方，各画着一条
虚线，这两条虚线就是南回归
线和北回归线了。那南北回归线又代表着什么呢？原来，
地球侧着身子绕太阳旋转，就使太阳光在地球上的直射
点不断在赤道两侧往返移动，而南、北回归线正是太阳
光的直射点能移动到南半球或北半球的最远界限了，到
了这条线太阳光就要往回返了。

dì zhóu shì shén me
地轴是什么？

地轴

地球仪的转轴代表了"地
轴"，它是一根穿过地心连
接南北两极的轴，就像是穿
着糖葫芦的竹签。但实际上，
"地轴"是不存在的，它只是人
们为了方便描述地球自转而假
设存在的。地球围绕着这个假想的地轴，自西向东不停
地旋转着。

地球绕着地轴不停地旋转。

wèi shén me huì yǒu bái tiān hé hēi yè ne
为什么会有白天和黑夜呢?

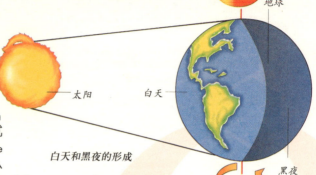

地球

太阳

白天

黑夜

白天和黑夜的形成

xiǎo péng yǒu men yī dìng dōu hěn
小朋友们一定都很
xǐ huan bái tiān ba　　yīn wèi zài bái
喜欢白天吧,因为在白
tiān wǒ men kě yǐ zuò hěn duō yǒu
天我们可以做很多有
qù de shì qing　dàn dào le wǎn shang jiù
趣的事情,但到了晚上就
zhǐ néng guāi guāi de shuì jiào le　　nà me
只能乖乖地睡觉了,那么
dào dǐ wèi shén me huì yǒu bái tiān hé hēi yè ne　　yuán lái　　zhè shì dì
到底为什么会有白天和黑夜呢?原来,这是地
qiú běn shēn bù tíng de zì xī xiàng dōng xuán zhuǎn de jié guǒ　　xuán zhuǎn guò chéng zhōng　　xiàng
球本身不停地自西向东旋转的结果。旋转过程中,向
zhe tài yáng de bàn qiú bèi zhào de liàng liàng de　　jiù shì bái tiān　　bèi zhe tài yáng de
着太阳的半球被照得亮亮的,就是"白天";背着太阳的
bàn qiú méi yǒu yáng guāng　hēi hēi de　jiù shì　　hēi yè le
半球没有阳光,黑黑的,就是"黑夜"了。

dì qiú de zì zhuàn zhōu qī shì duō shǎo
地球的自转 周期是多少?

地球自西向东
不停地旋转。

yě xǔ nǐ méi yǒu gǎn jué dào dì qiú zài
也许你没有感觉到地球在
dòng　kě shí jì shang dì qiú
动,可实际上地球
què zài yī kè bù tíng de zì
却在一刻不停地自
zhuàn zhe　　dì qiú zhuàn yī
转着。地球转一
quān wǒ men jiù jīng lì le
圈,我们就经历了
yī ge bái tiān hé yī ge
一个白天和一个

地球上的人根本感觉不到地球在转动。

hēi yè　　suǒ yǐ dì qiú zì zhuàn yī zhōu de shí jiān shì　　ge xiǎo
黑夜,所以地球自转一周的时间是24个小
shí jí yī tiān　　chǔ zài chì dào dì qū de rén　　měi tiān dōu huì
时,即一天。处在赤道地区的人,每天都会
suí zhe dì qiú zǒu shàng bā wàn lǐ lù ne
随着地球"走"上八万里路呢!

地球自转的速度有多快？

自转

离心力

引力

重力

地球受力旋转。

我们已经知道了地球的自转周期，那么地球自转的速度到底有多快呢？地球的赤道周长约4万千米，地球只用一天的时间就可以转一圈，平均下来赤道上每秒钟的速度可达460米，比声音的传播速度还快哩！不过，地球自转的速度越往两极越小，到了两极处它的自转速度就变为0了。

地球上的东南西北是怎样确定的？

指南针永远指向南方。

你可能一直都认为，日出的方向是东，日落的方向是西，其实你错了！地球是斜着身子绕着太阳旋转的，所以日出或日落的方向并不是很准确的东或西。科学家规定，顺着地球自转的方向是东，逆着地球自转的方向是西。如果你在地轴一端的上空，看到地球是逆时针自转的一端就是北极，看到地球顺时针自转的一端就是南极了。

为什么会有春夏秋冬四种季节？

地球在自转的同时还在绕着太阳公转。由于地球的身子一直是倾斜着的，这样就导致一年间有些地方被太阳光直射，而另外一些地方被太阳光斜射。随着地球旋转，地球上同一地点得到的光和热就会时多时少，也就出现了春夏秋冬四种季节。

四季的形成

地球在空中为什么不会掉下去？

小朋友也许会问，地球那么大，为什么能悬在空中不会掉下去呢？原来，一切物体之间都有吸引力，这种吸引力叫做万有引力。物体的质量越大，对别的东西的吸引力就越大。因为太阳的质量比地球大好多，地球就是被太阳的吸引力拉住了，所以才一直绕着太阳转圈而没有从空中掉下去。

被吸引着的地球

地球的公转周期是多少？

地球在自转的同时还绕着太阳奔跑，这就是地球的公转。那它绕着太阳跑一圈到底要多长时间呢？地球可是个"长跑健将"，它绕着太阳跑一圈要用掉一年的时间，但它却从没喊过累，仍然像上了发条似的不停奔跑。

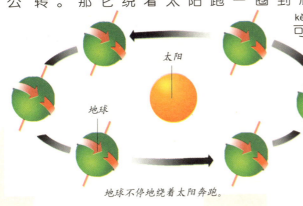

地球不停地绕着太阳奔跑。

地球公转的速度有多快？

地球要一年的时间才能绕太阳跑一圈，那它跑得是不是很慢啊？你要这样想可就错了，地球绕着太阳跑一圈，虽然时间长，但是跑的距离也很长。计算下来，地球平均每秒钟能跑大约30千米呢，比汽车、轮船的速度不知快多少倍哩！这下，你不会再小看地球了吧。

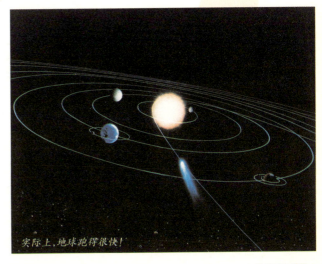

实际上，地球跑得很快！

wèi shén me wǒ men gǎn jué bù dào dì qiú zài xuán zhuǎn
为什么我们感觉不到地球在旋转？

dì qiú bù dàn rào zhe tài yáng gōng zhuàn
地球不但绕着太阳公转，
hái yǐ jí kuài de sù dù zì zhuàn zhe dàn wèi
还以极快的速度自转着，但为
shén me wǒ men yī diǎnr yě gǎn jué bù dào ne zhè
什么我们一点儿也感觉不到呢？这
jiù xiàng nǐ chéng chuán shí kàn dào liǎng àn de shù
就像你乘船时，看到两岸的树
mù zài xiàng hòu yí dòng biàn zhī dào chuán zài xiàng qián
木在向后移动，便知道船在向前
kāi ér dāng nǐ jìn dào chuán cāng zhōng jí shǐ
开；而当你进到船舱中，即使

我们一点儿也感觉不到地球在旋转。

chuán zài yùn xíng nǐ yě gǎn jué bù dào yī yàng   dì qiú jiù xiàng shì yǔ zhòu zhōng de yī sōu
船在运行你也感觉不到一样。地球就像是宇宙中的一艘
chuán   zài yùn xíng guǐ dào zhōu wéi méi yǒu kě yǐ duì zhào de dōng xi suǒ yǐ wǒ men gǎn
船，在运行轨道周围没有可以对照的东西，所以我们感
jué bù dào dì qiú zài yùn xíng   ér qiě wǒ men hé zhōu wéi de yī qiè dōng xi dōu gēn
觉不到地球在运行。而且，我们和周围的一切东西，都跟
zhe dì qiú yī kuàir zì zhuàn dāng rán yě jiù gǎn jué bù dào dì qiú zài zhuàn dòng le
着地球一块儿自转，当然也就感觉不到地球在转动了。

wèi shén me shuō dì qiú de jié gòu xiàng jī dàn
为什么说地球的结构像鸡蛋？

地壳

地幔
地核

"地球蛋"

jī dàn yǒu dàn ké dàn bái hé dàn huáng qí
鸡蛋有蛋壳、蛋白和蛋黄。其
shí dì qiú gēn jī dàn yī yàng yě fēn sān céng zuì
实地球跟鸡蛋一样，也分三层。最
wài céng de dì qiào xiāng dāng yú dàn ké lǐ miàn yǒu
外层的地壳相当于蛋壳，里面有
dà liàng de kuàng chǎn kě gōng kāi cǎi lì yòng zhōng jiān
大量的矿产可供开采利用。中间
yī céng shì dì màn xiāng dāng yú dàn bái shì dì qiú
一层是地幔，相当于蛋白，是地球
de zhǔ yào zǔ chéng bù fen zuì lǐ miàn jiù shì dì hé
的主要组成部分。最里面就是地核
le xiāng dāng yú jī dàn de dàn huáng zhè lǐ kě shì dì
了，相当于鸡蛋的蛋黄，这里可是地
qiú zhōng mì dù zuì dà wēn dù zuì gāo de dì fang ō
球中密度最大、温度最高的地方哦！

为什么说地幔是地球的主体部分？

我们说地幔是地球的主体部分，这是为什么呢？地幔是指地壳以下至2900千米深处的一层，其体积足足占了地球的82.3%。而且地幔由半熔融岩浆组成，密度比较大。总质量占地球质量的67.8%，所以说它是地球的主体部分。地幔又可以分为上地幔和下地幔。在上地幔的上部存在一个"软流层"，火热的岩浆大都是从那里产生的。

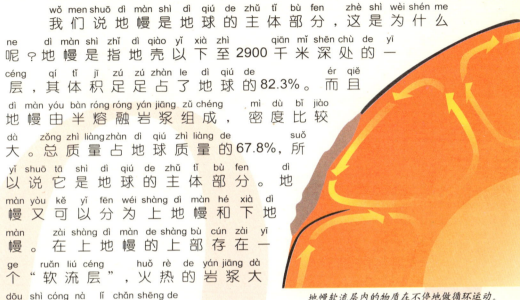

地幔软流层内的物质在不停地做循环运动。

地核的温度有多高？

地核是地球中温度最高的部分，那它的温度有多高呢？从火山喷发产生的炽热熔岩，我们就知道地球内部的温度非常高。而地核则达到了地球内部的最高温度——至少5500℃，与太阳表面的温度差不多。因此，地球上的热量除了来自太阳，还有一部分来自于高温的地核哦。

地核是由铁、镍等元素逐渐向地心汇聚而成的。

为什么说地球是个"大磁铁"？
wèi shén me shuō dì qiú shì ge dà cí tiě

相信你一定玩过"磁铁"吧？它有很强的磁力，不仅可以让铁砂跳舞，还能把铁钉子悬成一串呢。地球就像是一个具有N极和S极的大磁铁，当地球旋转时，地核会产生很强的电流，因为电能生磁，所以会产生磁场。指南针就是受到了地球磁场的吸引才会一直指向南方的。太阳系中其他的星球也具有磁场，但地球却是其中磁场最强的。

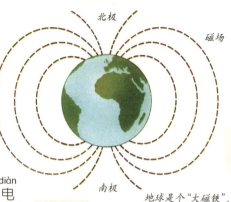

北极
磁场
南极
地球是个"大磁铁"。

为什么说"地磁场"是地球的保护层？
wèi shén me shuō dì cí chǎng shì dì qiú de bǎo hù céng

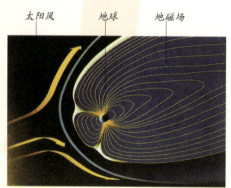

太阳风　地球　地磁场

保护地球的地磁场

你知道吗？地磁场可是地球不可缺少的保护层呢！每天太阳都会发出强大的带电粒子流（通常叫太阳风）来轰击地球。假如没有地磁场，这种高能粒子就不会受到地磁场的作用发生偏移而直射地球。地球上的生命就将无法生存。地磁场虽然看不见，却保护着地球上所有的生物，使之免受宇宙辐射的侵害。

地球磁场为什么会"翻跟头"?

地球的磁场不是永恒不变的,它会"翻跟头",使现在位于地球北端的南磁极转到南端去,而位于南端的北磁极则转到北端去。地磁场的逆转需要几千年的时间,因此人们想通过直接的观察来研究原因是不太可能的。很多人认为,地球磁场是地球内部的液态铁质流围绕着地核中心旋转产生的。液态铁质流发生变化时,就可能导致流动方向的180°倒转,从而使地球磁场也一起"翻了个大跟头"。

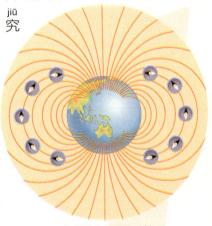

会翻跟头的地球磁场

什么是板块构造?

地球的外壳并不是完整的一块,而是像一个破了的鸡蛋壳,由很多的碎片组成。每一块碎片就称为一个板块。这些板块有的完全由海洋组成,有的既有海洋,也有大陆。板块与板块之间会发生相对运动,著名的喜马拉雅山便是陆地板块间碰撞形成的。

图例:"—"板块边缘、"→|←"板块汇聚、"←|→"板块离散

你知道地球有几大板块吗？

地球表面是由板块构成的，那么地球究竟有几大板块呢？地球可分成六大板块：太平洋板块、欧亚板块、非洲板块、美洲板块、南极洲板块和印度－澳大利亚板块。板块并不是固定不变的，随着地球的演变，两个老的板块可能会拼合成一块，一个板块也可能分裂为两个以上的新板块。

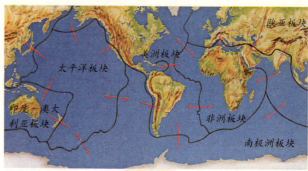

地球的几大板块

我们脚下的大地会漂移吗？

你一定会觉得奇怪吧，既然板块和板块能相撞，那岂不是说明我们脚下的大地会跑会动吗？其实我们脚下的大地并不是一个固定不变的地块，它漂浮在熔融状态下的岩石层上，就像浮在水上的冰层一样，在太阳、月亮的引力以及地球自转产生的离心力作用下，会发生移动，只是我们感觉不出来罢了。

陆地渐渐分裂的情形

为什么说大陆像拼图？

你一定玩过拼图的游戏吧，假如你有兴趣的话，不妨试着将地图上的欧洲、非洲和美洲的大陆轮廓剪下来，就能拼成一个大致上吻合的整体图。如果你将南美洲与非洲的轮廓相比较，南美洲轮廓的凸出部分正好可以嵌入非洲的凹进部分。为什么会有这样的巧合呢？原来，地球表面的大陆曾经是连成一体的，正是因为大陆会缓缓地移动，地球表面才变成现在这个模样了。

大陆曾经是一个整体。

七大洲和四大洋分别指哪些？

七大洲

我们经常说地球分为七大洲和四大洋，那究竟是指哪些大洲和大洋呢？七大洲按面积由大到小来排列，分别是：亚洲、非洲、北美洲、南美洲、南极洲、欧洲和大洋洲。四大洋中面积最大的是太平洋，其他依次是大西洋、印度洋和北冰洋。

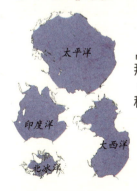

四大洋面积比较

海南岛原来是和大陆连在一起的吗？

海南岛的优美风光

在南海中，坐落着我国的第二大岛——海南岛。它与我国大陆南端的雷州半岛仅一水之隔，它们中间是约20千米宽的琼州海峡。站在雷州半岛南端，便可以清晰地看见海南岛这块碧玉一般的土地。但是你知道吗？海南岛原来和我国大陆可是连在一起的，后来是因为地壳下沉，琼州海峡一带慢慢断裂，海水趁机侵入，海南岛才与大陆分离开，相隔成岛的。

火山是山着火了吗？

火山发怒了！

很多小朋友都会感到好奇，大人们所说的火山是山着火了吗？其实，火山是被挤出地球表面的岩浆堆积形成的山。人们之所以叫它火山，因为它时常会"生气"，火山一"生气"，就会向四周喷发出火红滚烫的岩浆，把所有碰到的东西都烧成灰烬，看起来就像"着火"了一样。

huǒ shān shì yóu nǎ jǐ bù fen gòu chéng de
火山是由哪几部分构成的？

火山不是一般的山，它主要由火山通道、火山顶、火山口、火山锥、火山喉管和岩浆池几个部分组成。火山通道是岩浆涌到地表的通道。火山顶由蒸汽、火山灰和气体的混合物组成。火山口就是火山顶上漏斗一样的开口。火山锥是火山喷出物在火山口周围堆积形成的圆锥体。火山喉管是火山喷发的"烟囱"，岩浆池则是岩浆在地下聚集的地方。

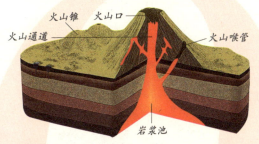

火山构造示意图

huǒ shān wèi shén me huì bào fā
火山为什么会爆发？

火山喷发示意图

火山爆发往往会给人们的生命和财产造成巨大的损失，那么火山为什么要爆发呢？我们居住的地球内部，充满着滚烫的岩浆，平时岩浆被地壳紧紧包住，才不会冲出地面。一旦遇上地壳比较脆弱的地方，岩浆中的气体和水蒸气会把地表冲出一个大洞，滚烫的岩浆就会喷出地面，火山就爆发了！

huǒ shān yǒu nǎ xiē xíng zhuàng ne
火山有哪些形状呢？

复合型火山

锥状火山

盾状火山

xiǎo péng yǒu yī dìng xiǎng zhī dào huǒ shān
小朋友一定想知道火山
zhǎng chéng shén me yàng zi ba huǒ shān de wài
长成什么样子吧？火山的外
mào gè yǒu gè de tè diǎn yǒu de bǐ jiào jiān xiàng ge
貌各有各的特点，有的比较尖，像个
sān jiǎo zhuī yǒu de zé bǐ jiào biǎn xiàng ge dùn pái huǒ
三角锥；有的则比较扁，像个盾牌。火
shān zhǎng chéng shén me yàng zi zhǔ yào qǔ jué
山长成什么样子主要取决
yú huǒ shān sì zhōu de huán jìng hé huǒ shān pēn
于火山四周的环境和火山喷
fā de fāng shì zǒng tǐ shang huǒ shān xíng zhuàng kě
发的方式。总体上，火山形状可
fēn wéi dùn zhuàng huǒ shān zhuī zhuàng huǒ shān hé fù hé
分为盾状火山、锥状火山和复合
xíng huǒ shān sān zhǒng bù guò huǒ shān de yàng zi
型火山三种，不过火山的样子
bìng bù shì gù dìng bù biàn de ō
并不是固定不变的哦。

zhǐ yǒu lù dì shang cái yǒu huǒ shān ma
只有陆地上才有火山吗？

huǒ shān shì dì qiú shang bǐ jiào cháng jiàn de dì mào bù jǐn lù dì shang yǒu huǒ
火山是地球上比较常见的地貌，不仅陆地上有火
shān dà hǎi li yě tóng yàng yǒu huǒ shān cún zài de zhǔ yào yuán yīn shì dì qiào xià yǒu
山，大海里也同样有。火山存在的主要原因是地壳下有
huó dòng de yán jiāng ér hǎi dǐ xià miàn jiù yǒu
活动的岩浆，而海底下面就有
dà liàng de yán jiāng bìng qiě yóu yú hǎi dǐ de
大量的岩浆，并且由于海底的
dì qiào bǐ jiào báo yán jiāng gèng róng yì pēn chū lái
地壳比较薄，岩浆更容易喷出来
xíng chéng huǒ shān zhè xià nǐ zhī dào le ba bù jǐn jǐn zhǐ
形成火山。这下你知道了吧，不仅仅只
yǒu lù dì shang cái yǒu huǒ shān hǎi dǐ de huǒ shān bǐ lù dì shang de
有陆地上才有火山，海底的火山比陆地上的
hái yào duō ne
还要多呢！

海底火山

火山岛屿

上涌的岩浆

为什么日本和夏威夷的火山特别多？

日本和夏威夷都位于太平洋上。太平洋地区的地壳很薄，很多地方还不到10千米，地下岩浆很容易冲出地表，所以太平

日本著名的富士山是一座休眠火山，它已很久没有爆发过了。

洋就成了火山集中的地带。而日本的位置恰好在太平洋的边缘，正是火山活动最多、最激烈的地区。夏威夷群岛则位于太平洋的中心，也是一个海底地壳极不稳定的地区，而且，群岛本身就是由火山喷发长期累积形成的。

有人在火山旁生活吗？

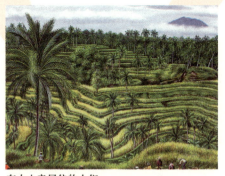

在火山旁居住的人们

虽然火山经常会发"脾气"，但还是有人愿意在火山旁居住。因为火山爆发能形成很多的矿产。而且，火山产生的热量不仅可以使地表温度升高，加热地下水，形成温泉。人们还可以利用这些热量来发电。此外，火山喷出的物质能给土地带来丰富的营养物质，非常有利于农业耕作。所以，有很多人喜欢在火山附近生活。

地震是怎么回事？
dì zhèn shì zěn me huí shì

断层面

地震主要是由岩层断裂引起的。

地震是一种与刮风下雨一样十分常见的自然现象，地球上天天都在发生，一年约有500万次，只不过很多地震非常微弱，我们感觉不到罢了。那到底为什么会发生地震呢？

地震是地球表面上的板块互相碰撞形成的，板块发生碰撞时，它们不规则的边缘会相互摩擦，地下的岩石层就会受到强烈的挤压、拉扯，岩石层受不了了就会断开。这时，地面就会发生摇晃、开裂，形成地震。

什么是断层？
shén me shì duàn céng

小朋友，你知道什么是断层吗？其实地球表面是由一层一层不同性质的岩石叠在一起形成的，就像洋葱一层一层的外皮。由于大陆经常缓慢地移动，所以这些岩石层很容易断开，断开的地方就叫做"断层"了，而且只要岩石层一断开就会有地震发生。

地表的断层

shén me shì dì zhèn bō
什么是地震波？

当发生大地震的时候，地面总会震动得很厉害，这主要是由地震波引起的，那什么才是地震波呢？地震发生时，震动会从地震的中心不断地向外传播，就像水中荡起的涟漪，使大地剧烈摇晃，万栋房屋瞬间成为废墟。这种给大地造成巨大破坏的力量就是地震波了。地震波主要有纵波和横波两种，纵波能引起地面的上下震动，横波则使地面前后摇晃。

横波使地面物体摇晃坍塌，纵波像蚯蚓一样伸缩前进。

zhèn yuán hé zhèn zhōng shì shén me yì si
震源和震中是什么意思？

震源是地球内部发生地震的地方，而震源上方正对着的地面区域就是震中。地震发生时，地震波从地下的震源传到地面，就会引起地面的晃动和巨大的破坏，由于地震的震中位于震源的正上方，所以也是地面上受破坏程度最严重的地方了。

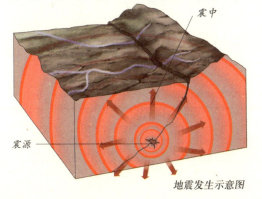

地震发生示意图

shén me shì dì zhèn zhèn jí
什么是地震震级？

地震的大小是有等级的，这种等级叫地震震级。地震放出的能量越大，震动得越厉害，地震震级就越大。3级以下的地震叫微震，人感觉不到；3～5级的地震是弱震，会造成较小的危害；5～7级的地震是强震，会造成较大的破坏；7级以上的大地震可以使房屋倒塌，就会给人类带来巨大的灾难了。

5级地震

9级地震

3级地震

12级地震

dì zhèn wèi shén me duō fā shēng zài
地震为什么多发生在
chū yī hé shí wǔ qián hòu ne
初一和十五前后呢？

地震后倒塌的房屋

我国的唐山大地震发生在农历七月初二；日本神户大地震发生在农历十二月十七。为什么很多大地震都发生在农历初一或十五前后呢？原来，每到这段时间，太阳、地球和月亮基本上处在同一直线上。这个时期，太阳和月亮对地球产生的引力最大，对地球会有很强的影响，也就比较容易发生地震了。

地震可以预测吗？

地震会给我们的生活带来这么大的危害，那在地震来之前预报给大家，让人们做好充分的准备不是很好吗？其实地震是很难预测的，因为地震想来就来，你根本不知道它会在哪里发生。一些地震学家曾试着通过地震来前的警告性预兆来判断是否会有地震，如观察动物的异常行为等，但用这些方法预测地震并不准确。

地震来了！

地动仪真的可以测量地震吗？

地动仪是世界上最早用于测量地震的仪器，是我国汉代天文学家张衡发明的，它真的可以测量地震的发生呢！这个地震仪上面有8个口含铜珠的龙头，它们面向8个不同的方向。龙头下面是8只昂头张嘴的蛤蟆。哪里发生了地震，哪个方向的龙头就会张开嘴巴，使铜球掉进蛤蟆嘴里。怎么样，张衡的发明很了不起吧！

张衡发明的地动仪模型

地球有几大地震带？
dì qiú yǒu jǐ dà dì zhèn dài

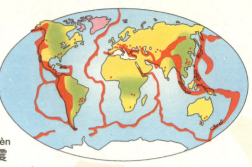

全球地震带分布图

我们把地震发生比较集中的地带称为地震带。地球上主要有3个大的地震带，它们是：环太平洋地震带，它就在太平洋的周围，是地震发生最多的地带，地球上约80%的地震都发生在这里；欧亚地震带，它跨越了欧、亚、非三大洲，占全球地震发生总数的15%；海岭地震带，主要分布在太平洋、大西洋、印度洋中的海底山脉，是3个地震带中最小的地震带。

海啸是怎么回事？
hǎi xiào shì zěn me huí shì

海啸是一种具有很大破坏力的海浪，它一般是由火山爆发、海底发生地震引起的。海啸发生时，海上波涛汹涌，海水会冲上岸，吞没港口、村庄和农田。有时还会几进几退，往复多次，给人类的生命和财产安全造成严重的破坏。

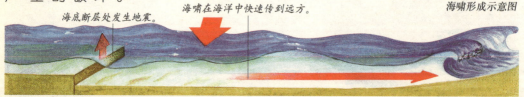

海啸形成示意图

海底断层处发生地震。　海啸在海洋中快速传到远方。

第二章

揭开地球的面纱

地球上所有的生物都依赖着大气而生活。飘浮在空气中的云，洒落地面的雨雪，乃至风都发生在大气层中。风、雨、雷、电等种种天气现象，伴随着地球的规律运动，又使地球上形成了各种各样的气候。地球上有哪几个气候带？地球上最冷的地方又在哪里？二十四节气是怎么来的？……我们都会一一给予解释。那么就让我们赶快开始，一同揭开地球这层神秘的面纱，去探索大气层与气候的秘密吧。

什么是大气圈？
shén me shì dà qì quān

地球上之所以会有生命，大气圈的功劳可是必不可少的。大气圈就像毯子一样裹着地球，帮助地球抵御着太阳的辐射，并使地球表面保持一定的温度和水分，为动植物提供必要的生存条件。大气圈由多种气体混合组成，它的厚度约为3000千米，从地球表面开始，越向上就越稀薄，大气圈外可就是黑洞洞的宇宙了。

包围地球的大气就像地球的玻璃窗，既能让阳光透过，又能留下一部分阳光以温暖地球。

外逸层

暖层

中间层

平流层

对流层

大气分层示意图

你会给大气圈分层吗？
nǐ huì gěi dà qì quān fēn céng ma

大气圈是由各层大气组成的一个整体。它根据温度、高度的变化，从下到上总共可分为五层，分别是对流层、平流层、中间层、暖层和外逸层。它们以地球为中心，层层环绕在地球的外面，层与层之间有明显的界限或过渡层，就像是一架无形的天梯通向茫茫宇宙。

对流层在大气的哪一部分？

对流层可是地球的"贴身小棉袄"哦。它是与我们生活最息息相关的一层，风、雨、雷、电都发生在这里。对流层的平均厚度约为12千米，别看它很薄，却占了大气总量的80%左右呢。对流层也是大气层中最活跃的一层了。暖的地方空气上升，冷的地方空气下降，形成对流，这也是人们叫它对流层的原因。

风、雨、雷、电等天气主要发生在对流层中。

哪一层大气最适合飞机飞行？

当你坐飞机去旅行，有没有想过飞机是在大气的哪一层中飞呢？飞机一般在大气的平流层中飞行，因为平流层中的空气很稀薄，水汽和尘埃的含量也很少，不会有复杂的天气现象，而且整个平流层中的空气几乎都在做水平运动，非常平稳，所以，是飞机飞行的理想区域。

飞机在平流层中平稳地飞行。

臭氧层里的气体是臭的吗？

被臭氧层阻挡的光线

被地面吸收的光线

臭氧层是平流层的一部分，它富含能吸收太阳紫外线的臭氧。

一提到臭氧，很多小朋友也许会皱起眉头，以为它很臭。其实臭氧是氧气的同类气体，不但不臭，反而对地球表面的生物起着特别重要的保护作用呢。平流层中含有大量的臭氧，所以又叫臭氧层。臭氧层能吸收太阳射向地球的90%的紫外线，就像地球的遮阳伞一样，保护着地球和地球上的生物免受强烈紫外线的伤害。

大气圈中最冷的是哪一层？

你不妨试着猜一下，大气圈中最冷的是哪一层呢？答案是中间层哦。这是因为中间层中几乎没有臭氧，不能吸收紫外线，而上层大气又将其余的太阳辐射完全吸收了，中间层吸收不到热量，它的气温就随着高度的增加迅速降低，到中间层顶部时，气温降到了-113℃，够冷的吧！

中间层

中间层是大气圈中最冷的一层。

大气圈中温度最高的是哪一层？

大气圈中最冷的是中间层，那么温度最高的又是哪一层呢？看名字就知道了，大气圈中最热的当然是暖层了。暖层位于中间层顶部及其上方的800千米处，它不多的气体却充分地吸收了来自太阳的辐射，所以暖层的温度会随着高度的增加而迅速升高，顶部的气温最多能达到2000℃，真是当之无愧的"暖层"啊！

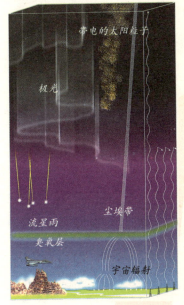

外逸层
带电的太阳粒子
极光
暖层
中间层
流星雨
尘埃带
臭氧层
平流层
宇宙辐射
对流层

外逸层有哪些特点？

人造卫星主要分布在外逸层中。

外逸层就像是地球的外套，处在大气圈的最外面，是从大气层进入太空的过渡区域。外逸层的温度很高，所以空气里面的粒子运动得非常快。这里离地球表面的距离非常远，受到的地球引力很小，所以一些跑得飞快的空气粒子就会不断地跑向太空中，这也正是叫它外逸层的原因了。

为什么说风是流动的空气？

风是看不见、摸不着的，但我们却可以看见风把路边的东西吹起，体会到风吹到脸上舒服的感觉，那么风究竟是什么呢？其实，风就是流动的空气。当太阳把地面附近的空气晒得热烘烘的，热空气就会膨胀变轻，上升到高空中。这样，本来位于高空中的冷空气就会流向地面来把地面的空气补充满，一上一下，便形成了循环的气流，风也就产生了。

风的形成

暖空气上升

冷空气下降

风向是什么意思？

在收听天气预报的时候，预报员经常会告诉我们风的方向，那么风向究竟是什么意思呢？我们通常所说的东、南、西、北风其实是指风吹过来的方向，如东风就是风从东往西吹，西风就是风从西往东吹。在日常生活中，除了东、南、西、北四个方向外，我们还用东北、东南、西南、西北四个方向来描述风向。

这棵树的生长方向表明了海风吹来的方向。由于树苗在生长过程中受到同样方向的风吹，便长成了如此形状。

什么是季风？

你知道什么是季风吗？也许从名字你已经猜出八九分了。我们把随季节而改变方向的风叫季风。刮季风的地区，通常一年中大约有6个月的时间风往一个方向吹，然后另外6个月朝着相反的方向吹。

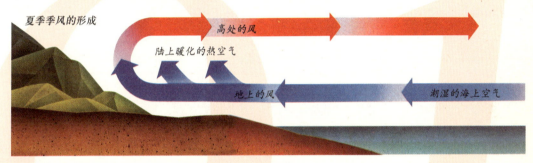

夏季季风的形成　高处的风　陆上暖化的热空气　地上的风　潮湿的海上空气

风的大小是用什么来表示的？

1级风

6级风

8级风　12级风

微风能使人感到清新，大风又可能给人类带来灾难。那么我们又该怎样来衡量风的大小呢？人们根据风移动速度的大小把风分为了12个等级：第一级软风，第二级轻风，第三级微风，第四级和风，第五级清风，第六级强风，第七级疾风，第八级大风，第九级烈风，第十级暴风，第十一级狂风，第十二级飓风。

gǔ fēng zhǐ de shì shén me
谷风指的是什么？

谷风

顾名思义，谷风就是从谷地吹出来的风。在一些山区，当天气晴朗而太阳光特别强烈的时候，谷地周围的山坡会被晒得很热，山坡上的空气就会受热变轻，沿着斜坡流向谷地上方。而谷地上空的空气，由于离地面比较远，受热少，温度低，就会下沉到谷底来补充热空气上升后的位置。这样一升一降，便形成了一个空气流动的循环，也就在山谷中吹起了风，形成谷风了。

rè dài qì xuán shì shén me yì si
热带气旋是什么意思？

强大的热带气旋

提起热带气旋也许你并不熟悉，但是你一定听过风暴、台风或飓风吧，它们都是一种热带气旋。热带气旋是发生在热带海洋上的一种强烈风暴，就像在流动江河中前进的旋涡一样，它一边绕着自己的中心急速旋转，一边随周围的大气向前移动。其尺度一般约几百千米，大者可达1000千米，是能带来狂风暴雨的天气系统。

什么是飓风?

飓风是风力超过12级的最大的风。严格地说,飓风是特指大西洋西部地区的强大风暴,不过在有些地方也被称为台风或者热带气旋。飓风发生时,它能够数小时冲击海岸线,伴随着可怕的大风产生连续猛击的拍岸浪,并带来大雨和巨浪,淹没海港,摧毁房屋。当飓风在岸边刮起时,惊涛还能引起龙卷风,给人类的生命和财产造成巨大的损失。

飓风过境带来泛滥的水灾。

什么是风暴?

气象学家把风力达到10级、风速达到88千米/小时以上的天气称为风暴。风暴一般在热带地区的太平洋、北大西洋和印度洋的表面上形成,然后向着陆地移动。风暴发生时除了有狂风外,还会带来暴雨,所到之处常常会造成巨大的破坏和洪水泛滥。

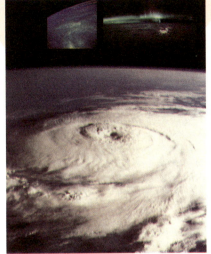

从卫星上观测到巨大的气旋云,意味着大的风暴又将发生了。

台风的移动是有规律的吗?

你知道吗?台风来袭时，它的运动路径其实是有一定规律的。使台风移动的力量主要有内力和外力两种。由于受地球自转的影响，内力推着台风向北偏西方向移动。外力是

台风来了!

台风周围的空气对台风的推力。夏秋之际，台风发生在太平洋南部边缘时，那里吹东风，于是使台风向西行进。内力和外力合在一起，促使台风的移动变得有规律了。

怎样才能判断台风中心的方位呢?

准确地判断出台风的中心方位能帮助我们更好地对抗台风。那究竟该怎么做呢?台风接近时，不论你站在台风区中的哪一个地方，只要背着风站立，以你正前方为0°，则左边45°～90°的方向内就是台风中心所在的方位了。通常风力在6级以下时，台风中心方向可取45°;风力8级时，取67.5°;风力达10级以上时，则取90°。

台风中心

为什么台风强度减弱后仍然会下暴雨呢？

台风登陆后，受地面摩擦的影响，强度会大大削弱。但是暴雨却丝毫不会减小，这又是为什么呢？当台风"累"得实在动不了的时候，虽然地面的风力小了，但在高空中，大风仍然在吹刮着，台风从海洋上带来的暖湿空气仍会继续凝结成雨滴，暴雨自然也不会停了。

台风过后被水淹没的房屋

下沉气流

上升气流

龙卷风分析图

什么是龙卷风？

相信你一定知道龙卷风吧，它可是个非常厉害的家伙，它里面的风速往往达到每秒几十米到100米以上。要知道，最高的12级大风的风速才每秒33米。龙卷风其实是一种小而猛的旋转风暴，外面看起来就像一个巨大的漏斗，漏斗尖向下不停地旋转着，接触到地面时，强大的气流能将所过之处的所有物体吸上天空，造成极大的破坏。

为什么美国有"龙卷风之乡"的称号?

美国每年都会发生1000～2000个龙卷风,平均每天就有5个。龙卷风行动迅速,破坏范围很大,使美国深受其害,如在芝加哥西南方89千米处,就曾在两天的时间里出现过148个龙卷风,造成的财产损失达5亿美元,死亡了300多人。由于美国的龙卷风实在太多了,所以人们称它为"龙卷风之乡"。

龙卷风异常可怕,发生时天昏地暗,对所遇障碍一概横扫破坏。

你知道尘卷风的意思吗?

"尘卷风"不如"龙卷风"名声大,但它也是一种很可怕的灾害天气。与龙卷风从云层中旋转而下不同,

尘卷风

尘卷风是由地面旋转而上的,它的威力和影响范围也比龙卷风小得多。尘卷风一旦刮起,它会将地面上的沙子、尘土、杂草一块儿卷起,直入高空,就像一根支撑天空的尘柱。尘卷风一般只能持续几分钟,却可能造成房倒屋塌的严重后果。

沿海地区为什么会有海陆风呢？

你有没有过这样的感觉：海边的白天，常常有风从海洋吹到大陆上来；到了夜里，风又从陆地吹向海洋。其实这是由海洋和陆地受到太阳照射后的反应不同引起的。白天，陆地上的温度高，空气变轻上升，风由海面吹向陆地，形成了海风。到了晚间，海洋比大陆要暖些，陆地上变冷的空气流向海面，就形成了陆风。

海风

为什么高处的风比低处的大？

站在高楼或高塔上，总会感觉风比地面大。山顶上的风也比山脚下的大得多。这是为什么呢？其实这都是摩擦力搞的把戏，地面上的空气受到摩擦力的影响最大，尤其在起伏不平的山地，空气总会被山弹回来，形成旋涡运动。而随着高度的增加，摩擦力作用的减少，风速自然也就增大了。

高处的风真凉爽啊！

wèi shén me shuǐ miàn de fēng bǐ lù dì de dà ne
为什么水面的风比陆地的大呢？

炎热的夏天，人们总是喜欢到河边、湖边或桥上去乘凉，因为这些地方不但气温比较低，而且风也比陆地上大多了。这是因为，河面和湖面上的障碍物比较少，空气在移动过程中不会产生很大的摩擦力，风能很自由地快速流动。而陆地的地面比较粗糙，地形也很复杂，障碍物很多，风自然就比水面上小了。

水边真凉快！

shì bái tiān de fēng dà
是白天的风大，
hái shì wǎn shang de fēng dà
还是晚上的风大？

无风的傍晚

白天的风要大一些。

如果比较的话，白天的风要比晚上的大得多。因为白天在太阳的照射下，地面上很多地方温度会有高低的差别，温度高的地方空气就上升，温度低的地方空气就会下降，这样就促进了空气的流动，风就比较大了。晚上没有太阳，上下交流作用逐渐减弱，风也就小了。

云是从哪里来的？

天上的云多美啊，软软的、白白的，就像是一团团棉花糖。当然，云并不是糖。它是怎么来的呢？地面上的水在太阳的照射下会变成水蒸气升到空中。由于高空中的温度比较低，水蒸气遇到冷空气后，就会形成小水滴。这些小水滴的身体非常轻，它们在空中飘来飘去，当大量小水滴聚集在一起，就形成我们看到的各种形状的云了。

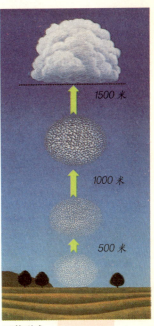

1500 米

1000 米

500 米

云的形成

为什么天上的云朵不会掉下来呢？

天空中美丽的云朵

云一朵朵飘在空中，看起来没有任何东西支撑它，但它却永远不会掉下来。因为云是小水滴和空气中的尘埃聚集在一起形成的，而这些聚集了尘埃的水滴很小很轻，下降的速度非常慢。并且很多上升的空气会在空中托住它们，使它们悬浮在空中，飘飘荡荡，从而不会从空中掉下来。

你知道什么是高云吗？
nǐ zhī dào shén me shì gāo yún ma

看名字就会知道，高云是离地面最高的云。高云包括三种类型的云，分别是卷云、卷层云和卷积云。它们都是由微小的冰晶组成的，云体特别白，像丝绸一样光滑，并且是透明的。阳光可以轻松地从高云中穿过，这时的天气会显得格外晴朗。

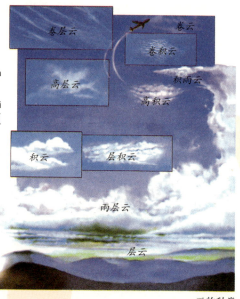

云的种类

什么是卷云？
shén me shì juǎn yún

卷云可是我们能看到的最高的云了，它们有时像洁白的羽毛，有时像轻盈的纱巾，阳光可以透过它们照到地面上。日出或日落时，卷云会呈现鲜明的黄色或红色。到了晚上，它们还会变成灰黑色。冬天，在中国北方或西部高原上，如果卷云的高度很低，还经常会下起零星的小雪。

飞机飞过所生成的云，常变成卷云。这是由飞机喷出的热气在空气中冷却形成的。

"日晕风，月晕雨"指的是哪一层云？

日晕

你听过"日晕风，月晕雨"的谚语吗？就是说，当你看到日晕的时候，第二天可能会刮风；而当你看到了月晕，就说明第二天要下雨了。其实这都是在说云家族中的卷层云呢。卷层云是由冰晶构成的，很薄很薄，有时候只是看到一片乳白色；有时候又隐约可见，好像一团乱丝。透过它看太阳、月亮，常伴有晕环。而日晕或月晕出现也正说明卷层云发展得很大了，阴雨天气快来临了，所以才有了"日晕风，月晕雨"的说法。

什么云呈鱼鳞状？

卷积云

你有没有见过天空中鱼鳞一样的云呢？很多小云块聚集在一起，排列成行，就像是轻风吹过水面引起的小波纹。这就是云家族中的卷积云。卷积云是由冰晶构成的冰云，每当卷积云布满全天，就被称为"鱼鳞天"。卷积云一出现，就说明快要下雨了。因此有"鱼鳞天，不雨也风颠"的谚语。

高积云是什么样的云？

云家族中还有一种云叫高积云，它的形状可多啦，有扁圆形的、瓦块形的，还有像水波一样聚集在一起呈条形的。高积云的颜色也很多，薄的高积云是白色的，厚的是灰色的，而且在薄的高积云上还经常会出现外红内紫的光环。同时，高积云也是一个预报天气的"好手"，因为它很稳定，变化少，所以一般预示着晴天。但是如果厚的高积云继续变厚的话，就可能会下小雨或小雪了。

高积云

什么是低云？

云的种类可真多，离我们最远的是高云，那么离我们最近的又是哪种云呢？也许你很快就能猜到了，是低云哦。低云包括层积云、层云和雨层云。层云和层积云主要是由水滴组成的，雨层云则是由水滴和冰晶共同组成的。低云的结构很稀松，云很低而且很黑，给人一种沉闷、潮湿的感觉，它常常会把大量水滴抛向地面，形成降雨。

令人沉闷的低云

哪种云是积雨云？

相信你一定听说过积雨云的大名吧！积雨云又称"雷雨云"，是一种体积十分庞大的云，常常形成高耸的云山。积雨云顶由冰晶组成，呈白色而有光泽。积雨云底则非常混乱，起伏明显，黑黑的一片。积雨云的性情比较暴躁，常常会产生强烈的阵雨，并伴有雷电、大风。发展特别强烈时，还会有冰雹和龙卷风呢！

积雨云

云只有一种颜色吗？

我们平时看到的云有白色的、黑色的、灰色的，还有红色和黄色的，那么云到底有多少种颜色呢？其实天空中的云只有一种颜色，那就是白色。是因为云层的厚度不相同，以及云层受阳光照射的角度不同，才显现出了不同的颜色。如在云层很薄时，太阳照在它们身上就成为了白色；阴天云层变厚时，阳光只能透过很少的一部分，云看上去就成为灰色的了。

五颜六色的云

wèi shén me kàn yún néng shí tiān qì ne
为什么看云能识天气呢？

许多关于云的谚语，如"棉花云，雨来临"、"天上钩钩云，地上雨淋淋"等，都是讲看云识天气的，为什么看云可以识天气呢？云的形状不同，它的形成过程、组成和性质也就不同，所以当你熟悉了云的形状、性质，掌握了云和天气的关系，就可以通过观察天上的云来预测接下来的天气了。

通过观测天空中的云，人们可以预测未来的天气状况。

yǔ shì zěn me xíng chéng de
雨是怎么形成的？

雨的形成

雨对于地球上的生命非常重要，植物需要雨水才能生长，雨水流到河流湖泊里，还能够为我们提供饮用水，那雨是怎么形成的呢？云是由许多依附在空气杂质上的小水滴组成的。当这些水滴的重量增大到一定程度时，它们便无法继续漂浮在空中了，在重力的作用下水滴会落向地面，也就形成了降雨。

为什么下雨时就没有太阳了？

每当下雨的时候，太阳就不知道躲到哪里去了，真是太奇怪了！其实太阳并没有故意躲起来哦，下雨的时候，它就挂在天空中呢。我们之所以看不到它，是因为它被厚厚的乌云遮住了。等到雨过天晴，乌云散去，在蓝蓝的天空中，我们就又会看到太阳高高地挂在那里，冲着我们笑呢。

太阳躲起来了吗？

雨点为什么总是斜着落下来？

雨点是斜着落下来的。

下雨的时候，你有没有发现，雨点并不是从天上笔直地降落，而是斜着落下来的。这是一个叫"惯性"的家伙搞的鬼。天上的云是不停运动的，就像跳伞运动员从空中跳伞一样，由于惯性的作用，后落下去的雨点总比前面的雨点要多在云里运动一段距离，再加上天上经常会刮风，被风一吹，雨点也就斜着落下来了。

雨滴都是一样大的吗？
yǔ dī dōu shì yī yàng dà de ma

你知道吗？可爱的小雨滴其实是有大有小的。雨滴的大小跟云层里含有的水汽多少有关系。如果云层很薄，云里的水汽不多，水滴就会很小很小，这时候下的只能是毛毛雨。如果云层比较厚，云里的水汽多了，水滴就会相互碰撞，合并成较大的雨滴，这时候下的可就是大雨喽！

各种大小的雨滴

你知道什么是毛毛雨吗？
nǐ zhī dào shén me shì máo mao yǔ ma

前面我们已经知道了，当云里的水滴很小很小的时候，就会下毛毛雨。当下毛毛雨时，你会看到天空中的雨滴细如牛毛，就像从天而降的雾一样。由于毛毛雨又细又密，所以能把空气中飘浮的尘埃过滤下来，而下大雨却达不到这样的效果。但是，如果毛毛雨持续时间太长的话，就会严重影响飞机的航行了。

适量的毛毛雨有利于清洁空气。

人工降雨是怎么回事？

长时间不下雨会造成大地干旱，使农作物无法生长。这时候，人们往往会采用人工降雨的方法。云可分为两种：一种是"冷云"，一种是"暖云"。对于冷云，人们采用了加入干冰等催化剂的办法，使它里面出现冰晶，这些冰晶能将云滴蒸发的水汽裹到自己的身上，从而使自己越来越重，最后融化成雨降落到地面。对于暖云，人们则采用了加食盐等催化剂的方法使其降雨。

聪明的人类，可以自己降雨。

雨水可以直接喝吗？

雨水可不能直接喝！

古时候的人认为雨水是纯净的，经常接雨水喝，还常用它来煮药。但实际上，雨水是不可以直接喝的。因为雨水本身就是水汽依附在空气中的杂质上形成的，而且雨水降落的过程中，还会粘上空气中的烟尘，这些杂质和烟尘中很有可能带有某些病菌。因此，雨水很不卫生，小朋友千万不要去喝雨水哦！

为什么说"春雨贵如油"?
wèi shén me shuō chūn yǔ guì rú yóu

春雨怎么会贵如油呢?难道春雨和油一样值钱吗?其实这只是一种比喻,意思是说春季的雨来之不易。在我国北方地区,春天,许多农作物开始播种,特别需要充足的降水。但是,这个季节北方的气温回升,经常刮风,地面水分蒸发得特别快,这样往往造成干旱,于是一场春雨就显得非常珍贵,也就有了"春雨贵如油"的说法。

北方的春雨十分珍贵。

"清明时节雨纷纷"是真的吗?
qīng míng shí jié yǔ fēn fēn shì zhēn de ma

相信你一定听过"清明时节雨纷纷"的诗句吧,它说的是我国江南地区的一种天气情况。清明节是在每年的4月4号或4月5号,每年这个时候,江南地区正是寒冬刚刚过去,春天到来。海洋上的暖湿空气开始变得活跃,寻路北上,当暖空气遇到没有撤离的冷空气时,就会发生冲突。冷暖空气发生冲突的地方,就会形成阴雨绵绵的天气了。

清明时节的小雨

什么是黄梅天？

黄梅天的小雨连绵不绝。

黄梅天是我国江淮地区的一种天气。每年6～7月间的时候，南方的暖湿空气已经很强大了，它就会寻路北上，但这个时期北方的冷空气仍然有相当大的力量，还不愿意退出这个地区。于是冷暖两种空气就在江淮一带交汇了，好像两路兵马一样打起仗来。江淮流域就出现了阴雨连绵的日子。这个时期正是梅子成熟的时候，所以人们就称它为黄梅天了。

为什么说"一场春雨一场暖，一场秋雨一场寒"？

春雨带来了温暖的天气。

江南地区的春季，暖湿空气会变强北上，当它遇到北方冷空气时就会下一场大雨。雨后江南地区的天气就会转暖，"一场春雨一场暖"就是这个缘故。到了秋季，一股股的冷空气又南下，会形成大雨。雨后当地的温度会变得很低，也就有了"一场秋雨一场寒"的说法。

什么是霜？

在寒冷又晴朗的清晨，地面有时候变得雪白雪白的，好像有人在上面撒了一把盐。这就是我们平时所说的霜了。在深秋、冬季和初春的夜里，大地由于白天受到阳光的照射，它表面的水分不断蒸发。这些蒸发出的水汽留在地面附近。到了夜晚，温度会降低，寒冷的空气与温度在0℃以下的物体接触时，其中的水汽就会附着在物体上凝成冰晶，这样就形成霜了。

晶莹剔透的霜

什么是雾？

晨雾令一切景物看上去朦朦胧胧的。

下雾的时候，外面白茫茫一片，有时连对面的人都看不清楚了。其实雾和云一样都是由大气中无数微小的水滴或冰晶组成的。只是云在空中，雾贴近地面。大气中出现水汽的凝结物时会降低能见度，人们在能见度降到1000米以下时才称其为雾，能见度在1000～10000米时称为轻雾。

为什么春夏两季多海雾？

每年的春夏季节，我国沿海地区的海面都会被一股从北向南流动的冷海流所控制，而此时正是暖空气日渐活跃的季节。来自南方广阔海洋的暖空气含有大量的水汽，流经我

有雾的海给人一种神秘的感觉。

国沿海冷海流上空时，暖湿空气底层由于接触冷海流会很快变冷，空气含水汽的能力变小，大量多余的水汽便开始凝结，就形成浓密的海雾了。

为什么秋冬的早晨时常有雾？

每到秋季和冬季，清晨起雾的日子就多了起来。这是因为秋冬季的夜比较长，而且经常没有云，即使有风也很小。这样，地面散热的速度就比夏天

秋冬早晨的雾特别多。

快得多，地面的温度会急剧下降。空气湿度在后半夜到早晨这段时间容易达到饱和，使大部分的水汽凝结成小水珠，飘浮在地面附近，也就形成雾了。所以，秋冬的早晨常常有雾出现。

重庆的雾为什么特别多？

重庆是中国的"雾都"。

重庆是著名的多雾城市之一，平均每年有100多天有雾，这跟它特殊的地理位置有关。重庆位于长江和它的支流嘉陵江的汇合口，空气比较湿润，周围都是高山，风力不强，空气中的水蒸气不容易吹散。每当天气晴朗、微风吹拂的夜晚，靠近地面的空气温度会迅速下降，空气里的水蒸气凝结成无数细小的水滴，漂浮在贴近地面的低空，就形成了雾。

半山腰飘浮的是云还是雾呢？

空中的水汽凝结成雾，在山间流动。

我们在登高山时，经常会发现在山腰处飘着一些"云"。其实那些不是云，而是雾。云和雾都是由大气中无数微小水滴组成的。如果悬浮在高空，就称为云；如果与地面接触，则称为雾。所以人们把半山腰的雾说成云也是很自然的事情了。

湖面上为什么经常有雾？

湖面上非常容易起雾。因为湖面的水在夜里冷却得比较慢，所以湖面上的空气会比陆地上温暖。湖面上温暖的空气上升，陆地上较冷的空气就过来补充，含水量较大的暖空气遇到了冷空气，暖空气中的

有雾的湖面显得格外美丽。

水汽就开始凝结、降落，并形成雾。而且，湖面上雾的出现受天气的影响很小，所以也就经常有雾了。

什么样的雾表示会下雨？

大雾不散，可就要下雨喽！

清晨时，雾很大，而且半天也不散去，这就说明快要下雨了。一般情况下，因为太阳的照射，地面温度会迅速升高，地面附近的小水滴能很快蒸发掉，而且空气受热后容纳水汽的量也会增大，雾在上午就会散去。当你遇到久聚不散的大雾时，就证明了雾的上面有一片雨云，它遮住了太阳光，使雾无法散开。这时，你可就要提前做好下雨的准备喽。

大雾过后会有什么样的天气呢?
dà wù guò hòu huì yǒu shén me yàng de tiān qì ne

大雾过后可是晴天哦!

民间有句谚语"十雾九晴",就是说大雾过后,基本上会是个晴天。形成雾的关键条件是空气中的水汽达到饱和。天气越晴朗,空中的云越少,地面附近的水汽蒸发得就越快,就越利于地面降温,使近地面的空气达到饱和,并使空气中的水汽凝结成雾。等到太阳出来后,大雾散去,也就是个大晴天。所以才有了"十雾九晴"的说法。

冰雹是什么?
bīng báo shì shén me

下冰雹时,小石头一样的冰块从空中落向地面,砸到身上很痛,那么,冰雹是怎么形成的呢?夏天,大量的水蒸气升到高空中温度在-20℃以下的地方时,就会变成小冰珠从高空中落下。下落时,上升的水蒸气会继续在它们表面结冰,小冰珠在空中反复地被包上冰衣,直到它重得落到地面,就形成冰雹了。

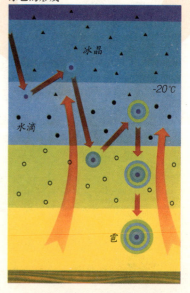

冰雹的形成

冰晶

-20℃

水滴

雹

冰雹为什么常常发生在夏天？

冰雹是一颗颗的小冰块，凉凉的。夏天的气温那么高，为什么会下冰雹呢？冰雹和雷雨同出一家，都是来自积雨云。积雨云是空气很不稳定的产物，而阳光强烈的暖湿季节最容易使空气不稳定，产生强烈的空气对流，并最终发展为能产生冰雹的积雨云。夏天，虽然太阳把地面附近晒得很热，但是高空中的气温还是非常低的，会有很多孕育冰雹块的低温区，所以，冰雹常常发生在夏天。

能造成灾害的大冰雹！

雪花是从哪里来的？

在寒冷的冬天里，雪花成片成片地飘下来，我们可以堆雪人、打雪仗。那么你有没有想过，雪花是怎么来的呢？原来，冬天的温度很低，地面的温度都在0℃以下，高空中的温度就更低了。云中的水汽会直接凝结成小冰晶，也就是小雪花。当这些雪花增大到一定程度的时候，气流托不住它了，它就从云层里掉到地面上来，就是下雪了。

一下雪，我们就能打雪仗了。

为什么雪花是六角形的？

冰晶的各种形态

雪花从云中下降到地面的路途很长，小雪花会变化出许多不同的形状。如果你仔细观察就会发现，它们有的像星星，有的像纽扣，还有许多带着精致的枝杈。但每一片都是六角形的。这是因为，水汽在空中结成的小冰晶就是六角形的，冰晶在空气中飘浮时，碰到的水汽只会使冰晶不断变大而最终形成雪花，并不会改变冰晶的形状，所以雪花自然也就呈六角形了。

雪都是白色的吗？

绿色的雪

如果有人问你雪花是什么颜色的，你一定会不假思索地回答：当然是白色的啦。但你知道吗，在北冰洋附近却能下绿颜色的雪呢！这是因为北冰洋地区有很多含有叶绿素的藻类，有时大风把这些藻类吹到天上，它们就会与雪花粘在一起，并降落下来，雪也就变成绿色的了。

雪花为什么大多看起来是白色的？

洁白的雪

我们平时看见的雪花大都是白色的，而且白得刺眼。不过你可不要上当哦！其实，雪花本身是透明的，并没有颜色。但是由于雪花表面是凹凸不平的，太阳的光线照在它上面就会发生折射和反射，再加上大量的雪花堆在一起，看起来就成白色的了。

每片雪花都是一样的吗？

也许你会觉得好奇，每片雪花长得都是一个样子吗？科学家用显微镜观察过成千上万朵雪花，这些研究最后得出的结论是：形状、大小完全一样的雪花在自然界中是无法形成的。因为每一片雪花周围的水汽多少各不相同，所以也就决定了每一片雪花的形状都是不同的，每片雪花都是独一无二的。

美丽的小雪花其实各有各的特点。

"瑞雪兆丰年"是什么意思？

在寒冷干燥的冬天里，农作物很容易会被冻坏。这时，如果下一场大雪，松软的雪层就成了一床隔冷保温的棉被，可以保护农作物安全地度过冬天。同时，大雪还能把害虫都冻死，起到杀虫的作用。到了来年积雪融化，还能为农作物的生长提供充足的水分，为大丰收打下良好的基础呢。所以也就有了"瑞雪兆丰年"的说法。

瑞雪会带来大丰收。

为什么下雪前有时先下小雪珠？

下雪前往往先下小雪珠。

下雪的时候往往会先下小雪珠。这是怎么回事呢？雪珠的形成必须有强烈的上升气流。雪花则是在上升气流不强的地方形成的。初冬开始下雪时，云的前部及中部，上升气流会比较强，所以下降的多数是雪珠。等云后部移到时，由于那里上升气流不强，所以下降的大都是雪花。这就是下雪前先下小雪珠的缘故了。

露是从哪里来的？

清晨，我们经常会发现在汽车或者树叶上有很多小水珠在闪闪发光，那就是露。以前的人以为露水是无根之水，是从天上掉下来的。其实露是由大气底层的水汽凝结形成的。白天，大地不断地吸收阳光，温度很高，使空气中含有大量的水分。到了晚上，大地中的热量又很快散去，温度骤然下降，空气中的水汽冷却吸附在花草树木上，就形成露珠了。

自然界中的"小精灵"——露

为什么有露水时一般是晴天？

晴朗无云的夜晚，地面能很快散热，田野上的气温会迅速下降，空气含水汽的能力变弱了，水汽就会纷纷地凝附到草叶上、树叶上、石头上，形成露。而在多云的夜晚，地面好像盖上了一层大棉被。热量不易散发出去，气温不下降，空气中的水汽也就不容易凝结成露水。所以有露水时通常都是晴好的天气。

露水大都出现在晴天。

shǎn diàn shì zěn yàng xíng chéng de
闪电是怎样形成的?

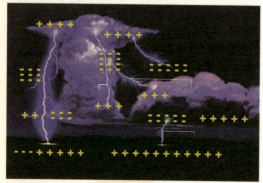
闪电会在云朵之间、云朵与地面之间发生。

闪电大都发生在积雨云中，在夏季闷热的午后及傍晚，地面的热空气携带着大量的水汽不断上升到天空，会形成大块大块的积雨云。积雨云受到上升的热气流的冲击，就会发生电离，带上强大的电荷。当两种带不同电荷的云接近时，便会互相吸引发出很亮的火花，也就是我们看到的闪电了。

shǎn diàn yǒu nǎ xiē yán sè hé xíng zhuàng ne
闪电有哪些颜色和形状呢?

闪电有很多不同的颜色和形状。有蓝色的、红色的、白色的，有时也会有黑色的。最常见的闪电呈线状，此外还有链状闪电、片状闪电、球形闪电等多种形状。

各种各样的闪电

雷是什么?

很多的小朋友都会感到好奇,天空中轰隆隆的雷声又是怎么产生的呢?其实雷是和闪电同时产生的。当闪电划过天空时,闪电周围的温度会

雷是闪电引起的。

瞬间升高,足足有太阳表面温度的5倍,闪电周围的空气受热后会迅速膨胀,发出巨响,就成了我们听到的雷声。

如何安全躲避雷电?

雷雨天在外面逗留很危险!

在暴雨中逗留的人很容易遭到雷电的打击。那么如果下暴雨的时候我们正好被困在了外面,又该怎么办呢?首先千万不要在雨中奔跑哦,因为那样会造成身体和气流的摩擦,加快周围气流的流动,从而形成一种引力,使雷电一直紧紧追着你。而且千万不能打伞,因为有金属顶的伞会导电。最后找个地方躲雨吧,但千万不要躲在大树底下和有水的地方,因为待在这些地方,很容易被闪电击中的。

为什么只有夏天会出现雷阵雨?

在夏天,有时候下的雨时大时小,而且一阵有一阵无的,我们把这种雨叫做雷阵雨。那为什么只有夏天才有雷阵雨呢?原来,只有在形成积雨云的时候才能产生雷阵雨,而积雨云的形成又需要有强烈的热力对流,这种对流只有在夏天才会出现,所以也就只有夏天才会下雷阵雨了。

雷阵雨来临时的天空

为什么雷雨前天气很闷热?

夏天,如果你感觉天气闷热,说明大气中温度高、湿度大,这是形成雷雨的条件。温度高,地面上的热空气就会浮向高空;湿度大,热空气就能够在高空中凝结成小水珠,形成雷雨云;再遇上高空云层对流,最后就会变成雷阵雨降落下来。因此,天气闷热就是雷雨将要到来的前兆。

雷雨来临前,天气会非常闷热。

是先看见闪电还是先听到雷声？

你注意过吗？打雷的时候，是先看见闪电还是先听到雷声呢？其实闪电和打雷是同时发生的。但是，闪电的光比打雷的声音跑得快。如果它们俩一起来比赛跑步的话，光的速度是每秒跑30万千米，而声音的速度是每秒跑340米，它们的差距实在是太大了！所以我们总是先看到闪电，然后再听见雷声。

虽然闪电和打雷是同时发生的，但我们总是先看见闪电，后听见雷声。

为什么会"雷声大，雨点小"呢？

夏天下雷阵雨的时候，往往是雷声很大，雨点却很小。这是怎么回事呢？打雷、闪电和下雨都发生在积雨云中，但影响的范围却有所不同。在积雨云的中心部位，通常雷声大、雨也大；但是在积雨云的边缘地区，就会出现雷声大、雨点小的情况。这下你明白了吧，"雷声大，雨点小"说明你所处的位置是雷雨云的边缘地区哦。

"雷声大，雨点小"是因为我们处在雷雨云的边缘地区。

雷电容易击中哪些物体？

高耸孤立的物体最容易被雷电击中。

老师有没有告诉过你，打雷的时候，一定不要躲避在大树、电线杆下面呢？大树、电线杆这些物体，它们都是高耸孤立的，是地面上最突出的部分。当地面受到积雨云的感应，产生电荷时，在它们身上就会集中较多的电荷，对闪电的吸引力就会更大，很容易把雷电"拉"过来。所以，雷电很容易击中这些高大的物体，人躲在下面是很危险的。

彩虹是怎么形成的？

小朋友，你亲眼见过彩虹吗？彩虹一般出现在雨后的天空，它是阳光与水滴一起玩的小游戏。雨后的空气中会有很多残留的小水滴，当太阳的白光照射在它们身上时，阳光就会被分散折射成红、橙、黄、绿、蓝、靛、紫7种颜色，并且在太阳的对面由上至下依次排列，形成美丽的彩虹。

美丽的彩虹

为什么彩虹有时宽,有时窄?

如果仔细观察,你就会发现,彩虹有时宽,有时窄,有时明亮,有时黯淡,怎么会这样呢?原来,如果空气中的水滴大,彩虹的色彩就鲜艳,彩带就窄;相反,如果空气中的水滴小,彩虹的色彩就黯淡,彩带就宽了。

彩虹有时宽,有时窄。

为什么会有环形彩虹?

看到这个题目,你一定会很惊奇:平常我们见到的彩虹一般只有半个弧,怎么会有环形彩虹呢?其实这一点儿也不奇怪。如果天空中出现卷层云,空中会飘浮着无数冰晶,当日光通过卷层云时,由于太阳周围有一圈冰晶,光线透过冰晶,经过两次折射,就会分散成各种颜色的光束,形成内红外紫的环形彩虹。这种奇特的现象又被叫做"日晕"。

湖南长沙曾出现过美丽的环形彩虹——日晕。

为什么北方的冬天看不到彩虹？
wèi shén me běi fāng de dōng tiān kàn bù dào cǎi hóng

北方的冬天常常下雪，看不到彩虹。

如果你生活在北方，那你在冬天见到过彩虹吗？夏天的雨后，尤其是阵雨过后，常常是这边的天空还在下雨，那边的天空已经露出了太阳，这就为彩虹的形成创造了条件。但是到了冬天，我国北方地区普遍降雪，下雪的时候天上阴云密布，没有太阳，而且雪花是小冰晶，这就不符合彩虹形成的条件。所以，北方的冬天看不到彩虹。

极光是什么样子的？
jí guāng shì shén me yàng zi de

在地球南、北极附近的高空，夜间常常会出现色彩瑰丽的光芒，这就是极光。极光的形状千变万化，有的像飘带，有的像面纱，有的如云朵一般，还有的呈放射线状。极光的颜色也非常美丽，主要以红、紫、淡绿、蓝紫最为常见。有的极光刚出现就消失了，有的却会高悬在空中几个小时不散。

绚丽缤纷的极光

jí guāng shì zěn yàng chǎn shēng de ne
极光是怎样产生的呢？

极光这么美丽神奇，它的出现可都是太阳的功劳哦。太阳会产生强大的带电微粒，它会用极大的速度把这些微粒吹向周围，人们把它形象地称为"太阳风"。当太阳风吹入地球两极外围的高空大气时，就会与气体分子发生猛烈撞击，并产生发光现象，这就是极光。

吹向地球南北极的"太阳风"会形成极光。

zài nǎ lǐ kě yǐ kàn dào jí guāng
在哪里可以看到极光？

有些小朋友可能会问："为什么我没有见过极光呢？"注意了，极光可不是在任何地方都可以看见的哦。地球本身就像一个巨大的磁铁，它两端的磁极分别在南、北极地区。当"太阳风"吹向地球时，带电微粒受到地球南、北磁极的吸引，纷纷向南、北极地区涌入，所以，极光就集中出现于南、北极地区。

在南北极附近可以看到极光。

极光也会"惹祸"吗？

极光虽然很壮观，很美丽，但是它也会"惹祸"，给我们的生活造成不便。因为极光会在地球大气层中产生巨大的能量，这些能量常常会干扰无线电和雷达的信号。这样一来，地球上的电力输送和通讯联系就会受到严重影响。有些地区还会大面积停电呢。

极光有时会造成停电。

霞是怎样形成的？

落日霞光

日出和日落前后，天空中总是会出现美丽的色彩，这就是霞。当地平线附近的太阳光穿过厚厚的大气层时，阳光中的紫光、蓝光会被削弱，剩下的黄、橙、红色光就被空气中的气体分子和水汽、尘埃散射，使天空与云层都染上了美丽的色彩，在清晨和傍晚分别形成朝霞和晚霞。朝霞往往预示着将要下雨，而晚霞则预示着晴天的到来。

什么是霾？

霾

有时候，我们会觉得空气好像变成了乳白色，特别浑浊。看远处的东西时，就好像隔了一层有颜色的幕布一样。如果背景发暗，幕布就会呈现出蓝色；如果背景明亮，幕布就会呈现出红色或黄色。这层"幕布"就是霾。霾是悬浮在空气中的尘埃和固体微粒。一旦出现霾，我们就会感觉空气质量差，天空也显得灰蒙蒙的。

海市蜃楼是怎么回事？

在炎热的夏季，当我们走在起伏不平的公路上时，会看见远处地面上有一小滩水，而走到近前它却消失不见了。这是怎么回事呢？其实这是一种"海市蜃楼"现象。

当阳光穿过高空和地面不同温度的空气时，会发生折射和反射，它的传播路径就会发生改变。这些光线进入我们的眼睛，我们便看见了地面以下或远处物体的影像。

海市蜃楼原理图

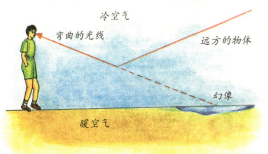

冷空气
弯曲的光线
远方的物体
幻像
暖空气

真的有"蓬莱仙境"吗？
zhēn de yǒu péng lái xiān jìng ma

"蓬莱仙境"就是出现在海面上的海市蜃楼。

在我国山东省的蓬莱，有时可以看见海面上会有亭台楼阁出现，人们称其为"蓬莱仙境"。其实，它们并不是神仙居住的宫殿，而是地球大气层玩的"光学魔术"，把远处的景象搬到了这里。春夏、夏秋之间，当海水的温度大大低于空气时，光线就会发生折射或者全反射。人们逆着光线看去，就会发现远方景物的影像悬在空中，跟真的景物一模一样。

沙漠中也会出现海市蜃楼吗？
shā mò zhōng yě huì chū xiàn hǎi shì shèn lóu ma

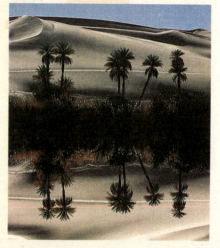

出现在沙漠中的海市蜃楼就像是倒映在河中的影子。

除了在海边，沙漠里也会出现海市蜃楼。当太阳照在沙地上时，接近沙面的空气会比上层空气的温度高，从远处物体射向地面的光线，在进入沙地热空气时，会发生反射和折射。人们逆着光线看过去，就会看到远处物体的倒影，仿佛是从水面反射出来的一样。

为什么会产生气候带？

在赤道地区，由于太阳光能够直射，使这里天气炎热；但是在南北两极，由于远离太阳，这里终年都覆盖着冰雪，非常寒冷。这说明，由于所处的地理位置不同，地球上不同地区的气候是不一样的。根据这些气候类型，就可以把地球划分成不同的气候带，它环绕着地球呈带状分布。

大陆　　　　　　　大草原
极地和副极地　　温带和海洋　　热带稀树大草原
山区　　　　　　热带和亚热带　　干旱地区

全球气候带

地球上有哪些气候带呢？

通常，我们把地球大致划分为热带、温带和寒带3种气候带。由于南北半球各有一个温带和寒带，所以地球上共有5个气候带。这些气候带又可以分为不同的类型。比如：我国的新疆、甘肃夏季炎热、冬季寒冷，属于温带大陆性气候；而在我国的长江以北地区，由于这里夏季高温多雨，冬季寒冷干燥，就属于温带季风性气候。

风景美丽的热带地区

热带在哪里？
rè dài zài nǎ lǐ

你吃过椰子和香蕉吗？它们都是热带盛产的水果。那么，热带在哪里呢？热带是地球上南北回归线之间的纬度地带。太阳光可以直射到这个地方，所以，和其他地区相比，这里可以从太阳那儿获得更多的光和热。正是由于这个原因，热带地区终年高温炎热，没有明显的四季变化。

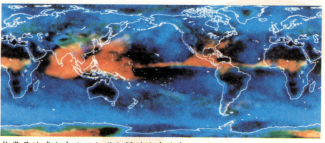

热带是地球上南北回归线之间的纬度地带。

热带气候有哪几种？
rè dài qì hòu yǒu nǎ jǐ zhǒng

海南岛热带风光

地球上的热带地区有沙漠、草原、海洋，还有热带雨林，所以，热带地区的气候也是多种多样的。热带气候可以分为热带沙漠气候、热带草原气候、热带海洋气候和热带雨林气候这四种。虽然热带地区的四季不明显，但一年中几乎有一半的时间都在下雨，所以这里的干湿季十分显著。

有哪些动物和植物生活在热带？

在热带雨林中和热带草原上，生活着大象、斑马、犀牛、狮子、长颈鹿、羚羊、猩猩、蟒蛇等许多动物。而且，热带海洋里还有很多美丽的珊瑚和五彩缤纷的热带鱼。我们熟悉的椰子树、棕榈树、橡胶树也生活在热带。在热带雨林中还有一种特有的"绞杀植物"，它们能死死地勒住大树，掠夺它们的养分。

生活在热带草原的狮子

为什么温带四季分明？

我们国家的很多地区大都四季分明，既不像寒带那样寒冷，也没有热带那样炎热。这是因为我们生活在温带。温带是位于南北回归线和南北极圈之间的广大区域。一年之中，这里接受太阳照射的面积，有一次由大到小，再由小到大的循环变化。气温也随之出现了变化，因此有了分明的四季。

温带四季分明。

温带有哪些气候？

冬冷夏热、四季分明是温带气候的显著特点，它也是地球上分布最为广泛的气候类型。我国的华北、东北和俄罗斯的远东地区，属于温带季风气候；在北美洲大陆的中心地带，是温带大陆性气候。除此之外，温带气候中还包括了地中海式气候、温带海洋性气候。这些不同的气候类型，为地球上的各种生物创造了良好的生存环境。

我国首都北京地处温带。

有哪些动物和植物生活在温带？

川金丝猴是温带的珍稀动物。

温带的落叶阔叶林主要分布在北半球，而在南半球，由于没有适宜的条件，分布极少。北半球较为寒冷的地区还广泛分布有温带的针叶林。而在温带的阔叶林、针叶林和草原中，生活着各种各样的动物，比如狗熊、狐狸、野猪、老虎、豹、狼、以及杜鹃、啄木鸟等等。产于我国的大熊猫、金丝猴、藏羚羊都属于珍稀的温带动物。

寒带指的是哪些地方？

顾名思义，"寒带"就是指地球上寒冷的地区。你知道寒带包括哪些地方吗？"寒带"是指南极圈以南、北极圈以北的地区，它们分别被称为"南寒带"和"北寒带"。南极位于南寒带，是地球最南端的顶点，南极洲是地球上最冷的大陆。位于北寒带的北极则是地球最北端的顶点，这里有大片的水域。

春天北寒带地区盛开的花朵

寒带生活着哪些动物呢？

虽然寒带的气候特别寒冷，但北极熊、企鹅、海豹等仍然以这里为家。北极熊"住"在北极，它们全身长满了白毛，只有鼻子是黑的，看上去憨态可掬。虽然看起来十分笨拙，但北极熊可是游泳和潜水的能手哦。企鹅是南极特有的动物，它们长着翅膀，却不会飞翔。走起来的时候，身体直立，左摇右摆，非常可爱。

北极熊

为什么北极夏天的太阳总是不落山？

wèi shén me běi jí xià tiān de
tài yángzǒng shì bù luò shān

夏天的北极，太阳始终是在地平线上。

北极的夏天，即使是在晚上十二点，也是阳光灿烂。这是怎么回事呢？原来，地球在围绕太阳旋转的时候，还会以地轴为中心自转。但是，地轴与地球公转轨道的平面并不是垂直的，而是向一侧倾斜。到了夏天，整个北极圈，不论白天黑夜，都暴露在阳光下。所以，太阳总也不落山。

地球上最热的地方在赤道吗？

dì qiú shang zuì rè de dì fang zài chì dào ma

沙漠地区的温度比赤道高。

你知道吗？虽然太阳光可以直射赤道地区，但这里的温度很少超过35℃。而在非洲北部的撒哈拉大沙漠，白天的温度却在70℃以上。

原来，赤道上的大多数地方都是海洋，这里又常常下雨，所以温度不会升得太高。沙漠地区则恰恰相反，只要一出太阳，气温就会往上升。所以，地球上最热的地方可不在赤道哦。

世界上最冷的地方在哪里？

你知道吗？南极洲可是世界上最冷的地方，这里每年的平均气温都在-25℃以下。而且，南极洲还出现过-94℃的最低温度纪录呢！这是因为南极洲本身是一个冰封的大陆，这里纬度很高，而且还常常刮大风暴，所以它才会成为了世界上最冷的地方。

南极洲是地球上最冷的地方。

地球离太阳最近时，为什么我国反而是冬天？

离发热的物体越近，我们就会觉得越温暖。每年的1月3日是地球离太阳最近的一天，但那时却是我们国家最冷的

北半球的冬天异常寒冷。

时候。这是不是非常奇怪呢？实际上，冬天的时候，照射到北半球的太阳光完全是斜着的，使得这个地区获得的热量非常少，所以尽管这时地球离太阳很近，我们仍会感觉寒冷。

为什么北方的春天和秋天会特别短？
wèi shén me běi fāng de chūn tiān hé qiū tiān huì tè bié duǎn

北方秋景

北方的春天或秋天，天气既不是很热，也不是很冷，让人感觉非常舒服。但是，在进入3月之后，气温会回升得很快，再加上雨季还没有来，天气十分燥热，人们就会觉得夏天来了。到了每年的9月至11月，气温下降得非常快，很快就到了冬天。所以，北方的春天和秋天才会显得特别短。

"三大火炉"指的是哪儿？
sān dà huǒ lú zhǐ de shì nǎr

重庆

你知道我国的"三大火炉"指的都是哪里吗？在长江沿岸的重庆、武汉和南京，这3个城市平均每年炎热日有17~34天，酷热日也有3~14天之多。而且在夏天，即便是最低气温也有28℃，有时候最高温度甚至超过了40℃。这3个城市很少下雨，终年高温，所以也就被人们称为了"三大火炉"。

"早穿皮袄午穿纱，围着火炉吃西瓜"是什么地方的生活？

新疆的吐鲁番盆地地区盛产哈密瓜、葡萄等水果，是我国有名的水果产地。当地的昼夜温差特别大。当地人在一天当中通常要不断地调整穿着。正午时分，人们穿的是薄衣服。到了晚上或清晨，人们就要穿上厚厚的衣服围着火炉一边品尝新鲜的水果一边取暖了。

吐鲁番盆地

二十四节气是怎么来的？

二十四节气歌里包含了春分、芒种、立秋、冬至在内的24个节气。它不仅可以提醒我们季节的变换，人们也按照它来安排农业生产。那二十四节气是怎么来的呢？地球绕太阳一周是360°，从0°开始定为春分日。以后，每隔15°就定为一个节气，也就有24个节气了。

人们按照24个节气来安排农业生产。

为什么说"冷在三九,热在三伏"?

当地面吸收的热量等于散发的热量时,如果在夏天,气温就会升到最高;如果在冬天,气温就会降到最低。"三九"和"三伏"的时候,地面吸收的热量正好等于散发的热量,而"三九"大约在阳历的1月中旬,所以成为我国最冷的时候;三伏则在阳历的7月到8月,就成了我国最热的时候;也就有了"冷在三九,热在三伏"的说法。

"三九"是冬天最冷的时候。

四川盆地为什么没有严寒,只有酷暑呢?

四川盆地在长江上游地区,冬天,盆地周围的高山阻挡了北方冷空气的侵袭,使得盆地内部的气候非常温暖。但是到了夏天,由于盆地的四面都有高山,热空气就没法及时排出,使天气变得高温潮湿,人体汗液不容易散发,人们就会感到天气闷热异常。所以,四川盆地冬暖夏热。

被高山包围的四川盆地

第三章

漫步地球表面

在46亿年的时间里，地球经历了沧海桑田的变迁：大气令蓝色的天空出现；天气现象形成了地球表面不同的气候……当我们逐渐揭开围绕在地球表面的神秘面纱时，它的真实面貌也在一点点吸引着我们，让我们试图一窥它的神奇：山是怎样"长"起来的？沙漠从来都不会下雨吗？大海为什么会是蓝色的？河流干吗不走直线？为什么鹅卵石老是光溜溜的？……带着这些问题漫步地球表面，可以让你更加了解我们世代居住的地球家园。

什么是岩石和岩石圈？

河边的石头也属于岩石。

小朋友，你知道吗？地球可以称得上是一个巨大的石球，它的表面覆盖着许多岩石。岩石是非常坚硬的东西，它大小不一，大块儿的可以被称为巨砾，小块儿的就是石头。许许多多的岩石组合在一起，就像是一层坚硬的外壳，紧紧裹在地球表面，人们就把它们称为岩石圈。

岩石家族有哪些成员？

现在我们知道了，地球穿着一层厚厚的岩石"外衣"。可是，岩石家族有哪些成员呢？答案就是：火成岩、沉积岩和变质岩。火成岩是由火山岩浆冷却凝固形成的；沉积岩由风化岩石的碎片构成，主要分布在海底；变质岩刚开始是火成岩或沉积岩，但是高温和压力这两个"杀手"迫使它发生了变化，最终成为了变质岩。

经水冲刷过的沉积岩，岩层非常清晰。

火成岩是由哪些成分构成的？

有些小朋友可能见过妈妈戴的水晶项链吧？你知道吗？水晶就是石英，是构成火层岩的成分之一。除此之外，正长石、斜长石、云母、角闪石、辉石和橄榄石都是构成火层岩的成分。其中最为大家所熟悉的就是云母，它是一种六角板状结晶体，有黑、白两种颜色。云母很薄，如果你用大头针轻挑花岗岩中的黑云母，它就会一层层地剥落下来。

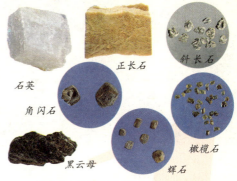

石英　正长石　斜长石
角闪石　黑云母　辉石　橄榄石
构成火成岩的七种成分

常见的石灰石属于哪一类岩石？

石灰石砌成的墙

工人叔叔盖大楼的时候，常常用石灰石做建筑材料。可以说，石灰石是人类应用的最广泛的岩石。其实，石灰石是沉积岩的一种。沉积岩最初是由沉积在地壳表面的物质形成的，因此，在石灰石中可以发现远古时期的生物化石。石灰石非常结实，不怕磨损，还耐酸碱腐蚀呢。

shén me shì huā gǎng yán
什么是花岗岩？

美丽的花岗岩

qián miàn wǒ men yǐ jīng jiè shào guò
前面我们已经介绍过，
huǒ chéng yán shì yóu huǒ shān yán jiāng lěng què
火成岩是由火山岩浆冷却
xíng chéng de dàn shì rú guǒ yán jiāng
形成的。但是，如果岩浆
méi yǒu cóng huǒ shān kǒu pēn fā tā jiù huì
没有从火山口喷发，它就会
huǎn huǎn qīn rù dì qiào liè fèng rán hòu
缓缓侵入地壳裂缝，然后

zài níng gù chéng wéi yán shí zhè zhǒng yán shí bèi chēng wéi qīn rù yán huā gǎng yán
再凝固成为岩石。这种岩石被称为"侵入岩"，花岗岩
jiù shì qí zhōng de yī zhǒng huā gǎng yán lǐ miàn jūn yún de sàn bù zhe fěn hóng sè lǜ
就是其中的一种。花岗岩里面均匀地散布着粉红色、绿
sè huáng sè hēi sè de yún mǔ jīng tǐ ér qiě hái yǒu bái sè de shí yīng hé lán sè
色、黄色、黑色的云母晶体，而且还有白色的石英和蓝色
de cháng shí jīng tǐ yán sè fēi cháng měi lì
的长石晶体，颜色非常美丽。

wèi shén me dà lǐ shí dōu yǒu piào liang de huā wén
为什么大理石都有漂亮的花纹？

nǐ yǒu méi yǒu zhù yì guò dà lǐ shí shēn shang
你有没有注意过，大理石身上
dōu zhǎng mǎn le piào liang de huā wén yuán lái
都"长"满了漂亮的花纹。原来，
chū chǎn dà lǐ shí de dì fang céng jīng shì hǎi yáng
出产大理石的地方曾经是海洋，
hǎi dǐ yǒu hěn duō dòng zhí wù de yí hái hé tàn suān
海底有很多动植物的遗骸和碳酸
gài yóu yú dì qiào de yùn dòng tā men bèi shēn
钙。由于地壳的运动，它们被深
shēn de mái zài le dì xià bìng fā shēng le dì zhì
深地埋在了地下，并发生了地质
biàn huà tàn suān gài zhú jiàn biàn chéng le bái sè de
变化。碳酸钙逐渐变成了白色的
shí huī yán dòng zhí wù yí hái zé jiā zài yán shí zhōng
石灰岩，动植物遗骸则夹在岩石中，
xíng chéng le hēi sè de huī zhì yán yú shì dà lǐ shí jiù yǒu le piào liang de huā wén
形成了黑色的灰质岩。于是，大理石就有了漂亮的花纹。

花纹清晰的大理石

云南的石林是怎样形成的？

你见过石头园林吗？在云南就有一座非常奇特的石柱园林，这些石柱有的像圆柱子，有的像竹笋，令人惊奇不已。这个地方属于石灰岩层，地面上有很多垂直的裂缝，水沿着裂缝往下渗透，就会溶蚀石灰岩，使裂缝向地下伸展得更深。

云南石林

这样，地面上就会出现很多突起的"石柱"，地形也会变得起伏不平，渐渐地就形成了美丽奇特的石柱园林。

什么是鸡血石？

安徽、浙江交界的崇山峻岭间盛产鸡血石。

鸡血石是雕刻石章的上等原料，就像是新鲜的鸡血溅到了玉石上面，非常美丽。鸡血石产于浙江省临安县上溪乡玉岩山。玉岩山是由火山喷发形成的。山体上部分的火山凝灰岩逐渐变成了叶蜡石，后来，地壳运动使地下的硫化汞开始上涌，并渗入到叶蜡石的裂缝中，两种颜色和成分都不同的矿物凝结在一起，就形成鸡血石了。

guì lín shān shuǐ wèi shén me tè bié qí tè xiù měi
桂林山水为什么特别奇特秀美?

guì lín de shān fēi cháng qí lì　　yǒu de xiàng dà xiàng　yǒu de xiàng lián huā　xiù měi
桂林的山非常奇丽,有的像大象,有的像莲花。秀美

de lí jiāng　　zài qún shān zhī jiān huǎn huǎn liú dòng　　zhè lǐ yǒu hěn duō de shí huī yán
的漓江,在群山之间缓缓流动。这里有很多的石灰岩,

ér shí huī yán tè bié róng yì bèi hán yǒu èr yǎng huà tàn de yǔ shuǐ hé hé shuǐ róng jiě
而石灰岩特别容易被含有二氧化碳的雨水和河水溶解。

桂林山水

qiān bǎi nián lái　　　jīng guò yǔ shuǐ
千百年来,经过雨水、

hé shuǐ de bù duàn jìn shí　　guì lín
河水的不断浸蚀,桂林

cái yǒu le jīn tiān zhè yàng shān qīng shuǐ
才有了今天这样山青水

xiù de fēng jǐng qí guān　　suǒ yǐ rén
秀的风景奇观,所以人

men cháng cháng shuō　　　　guì lín shān
们常常说:"桂林山

shuǐ jiǎ tiān xià
水甲天下"。

tǔ rǎng shì zěn yàng xíng chéng de
土壤是怎样形成的?

nóng mín bó bo zhòng zhí zhuāng jia shū cài　　yé ye nǎi nai yǎng huā zhòng cǎo　　dōu lí
农民伯伯种植庄稼蔬菜,爷爷奶奶养花种草,都离

bù kāi tǔ rǎng　　nà me zuì zǎo de tǔ rǎng shì zěn me lái de ne　dì qiú shang běn lái
不开土壤。那么最早的土壤是怎么来的呢?地球上本来

shì méi yǒu tǔ rǎng de　　dào chù dōu shì yán shí
是没有土壤的,到处都是岩石,

dàn shì yán shí jīng guò cháng shí jiān de fēng chuī yǔ
但是岩石经过长时间的风吹雨

dǎ hé tài yáng zhào shè　　jiù kāi shǐ pò liè　　biàn
打和太阳照射,就开始破裂,变

chéng le xiǎo shí tou　　　hòu lái　　xiǎo shí tou yòu
成了小石头。后来,小石头又

zhú jiàn biàn chéng le cū shā lì　　cū shā lì biàn
逐渐变成了粗沙粒,粗沙粒变

chéng xì shā zi　　xì shā zi suì liè de yuè lái
成细沙子,细沙子碎裂得越来

yuè xì　　zuì hòu jiù biàn chéng le tǔ rǎng
越细,最后就变成了土壤。

土壤的形成过程

土壤分为哪几层呢?

有的小朋友看到这个题目可能会觉得很奇怪,土壤不就是我们平常见到的棕色土地吗?为什么还要分层呢?其实我们见到的只是土壤上面的一部分,它又被称为"腐殖土",可以给植物提供成长所需要的营养。土壤的中间是各种物质的沉淀层,最下面就是岩石。这种层次分明的结构使土壤更加肥沃,有利于植物的生长。

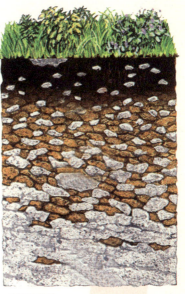

土壤的结构

为什么黑色的土壤最肥沃?

肥沃的黑土地

如果你细心观察的话,就会发现,土壤也是有很多颜色的,如黄色、红色、黑色等等,其中黑色的土壤是最肥沃的。土壤中动植物的遗体被细菌分解后会形成腐殖质,它含有丰富的有机化合物,能使土壤变得肥沃。因为腐殖质是黑色的,所以如果土壤里富含这种物质,那就会被染成黑色啦。

wèi shén me huáng tǔ gāo yuán shang
为什么黄土高原上
yǒu hòu hòu de huáng tǔ
有厚厚的黄土？

黄土高原

wǒ guó běi fāng yǒu yī piàn guǎng mào wú yín
我国北方有一片广袤无垠
de gāo yuán nà lǐ zhōng nián bèi huáng tǔ fù gài
的高原，那里终年被黄土覆盖，
tā jiù shì huáng tǔ gāo yuán wèi shén me huáng tǔ gāo
它就是黄土高原。为什么黄土高
yuán huì yǒu hòu hòu de huáng tǔ ne kē xué jiā rèn wéi tā men lái zì méng gǔ hé zhōng yà
原会有厚厚的黄土呢？科学家认为它们来自蒙古和中亚
yī dài de huāng mò yóu yú zhè xiē dì fang qì hòu gān zào zǎo wǎn wēn chā dà cháng
一带的荒漠。由于这些地方气候干燥，早晚温差大，长
qī de lěng rè biàn huà shǐ jiān yìng de shí tou biàn chéng le shā lì hé chén tǔ xī běi fēng
期的冷热变化使坚硬的石头变成了沙粒和尘土。西北风
jiāng wú shù de xì shā hé chén tǔ juǎn dào le huáng tǔ gāo yuán shang tíng luò xià lái shā chén
将无数的细沙和尘土卷到了黄土高原上停落下来，沙尘
duī jǐ de yuè lái yuè duō zuì hòu jiù xíng chéng le xiàn zài biàn dì huáng tǔ de mú yàng
堆积得越来越多，最后就形成了现在遍地黄土的模样。

流水潺潺的山地景色

shén me shì shān dì
什么是山地？

chūn tiān de shí hou rén men dōu xǐ huan qù hù wài dēng
春天的时候，人们都喜欢去户外登
shān qí shí wǒ men píng cháng chēng hu de shān shì
山。其实，我们平常称呼的"山"，是
shān dì de zǔ chéng bù fen shān dì shì yī zhǒng hěn cháng jiàn
山地的组成部分。山地是一种很常见
de dì xíng tā shì yóu shān dǐng shān pō hé shān lù zǔ chéng
的地形，它是由山顶、山坡和山麓组成
de yī ge gāo dì yǒu yī dìng gāo dù hé pō dù tōng
的一个高地，有一定高度和坡度。通
cháng rén men bǎ yǒu jiān zhuàng fēng dǐng de bù fen chēng wéi shān
常，人们把有尖状峰顶的部分称为"山
fēng rú guǒ àn zhào hǎi bá gāo dù lái huà fēn shān dì
峰"。如果按照海拔高度来划分，山地
kě yǐ fēn wéi dī shān zhōng shān gāo shān hé jí gāo shān sì zhǒng
可以分为低山、中山、高山和极高山四种。

山脉和山系指的是什么?

山脉是沿一定方向延伸,由若干条山岭和山谷组成的山体,因像脉状所以被称为山脉。构成山脉主体的山岭称为主脉,从主脉延伸出去的山岭称为支脉。几个相邻山脉可以组成一个山系,比如,横贯亚洲、欧洲和非洲的横向山系就是由喜马拉雅山脉、阿尔卑斯山脉和阿特拉斯山脉共同构成的。

喜马拉雅山脉

山是怎么"长"起来的?

在飞机上往下看,山就像从地面上长起来的一个个"大包"。你能不能猜想一下,山是怎么"长"起来的呢?其实山是被造山运动"挤"出来的。大约在几亿年前,地球表面的陆地是一大块一大块的,并没有连在一起。这些分散的陆地经常碰撞,互相挤来挤去,结果有些地方越挤越高,经过不断的演变,就形成了现在的山。

高山形成示意图

来自大陆的沉积物在浅海底部堆积形成地层。

地球内部的岩浆活动使海底的堆积物喷出地表形成火山。

这一地区经地壳运动逐渐形成了隆起的高地。

再经过反复不断的造山运动,终于形成很高的山脉。

"造山带"是怎么回事？

我们知道了，山脉是经过反复不断的造山运动形成的。造山运动的主要发生地，就被称为"造山带"。如果地球上的板块相互碰撞，

这些奇丽的山峰都来自于若干年前的造山运动。

就会产生造山带。而且，如果板块边界的形态不同或碰撞过程不一样，造山带也会有差别。直到现在，我们都能从山脉地带中看出造山带的运动轨迹。

褶皱的红色岩层，是大范围沉积的氧化铁的遗留物。

什么是褶皱？

你知道什么是褶皱吗？地壳中的岩石刚开始都是整整齐齐挨在一块儿的，如果它们受到了地球内部的强大挤压，就会变形，有的向上弯曲，有的向下弯曲，很多个弯曲联合起来，就被称为"褶皱"。褶皱有"背斜"和"向斜"两种形态。背斜向上弯曲形成山岭，向斜向下弯曲就形成了山谷。

喜马拉雅山是从海里升起来的吗？

如果说喜马拉雅山是从海里升起来的，你相信吗？

科学家在喜马拉雅山陡峭的崖壁上，已经发现许多生活在古代海洋里的动植物化石。这些化石说明喜马拉雅山地区曾经是一片汪洋大海，地壳上升的结果让它从古老的大海里升了起来。目前，喜马拉雅山地区大约已经上升了3000米。

地壳上升使喜马拉雅山从大海里升起来。

山脉的类型

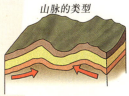

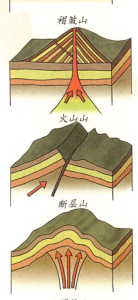

褶皱山

火山山

断层山

冠状山

山脉有哪几种呢？

山脉也是一个大家族。这个家族有四大成员：火山山、冠状山、褶皱山和断层山。火山山由地球深处喷发出来的熔岩构成。如果地壳下的岩浆往上涌，使地球表层的岩石向上隆起，就会形成冠状山。相互推挤的两个板块会使地壳弯曲变形，形成褶皱山。假如板块碰撞得太厉害，使地壳出现了断层或裂缝，巨大岩块上升后就会成为断层山。

火焰山真的燃烧着熊熊烈火吗？

你一定看过《西游记》里的"三借芭蕉扇"的故事吧，唐僧师徒经过的那个火焰山真的燃烧着熊熊烈火吗？火焰山位于我国新疆的吐鲁番盆地，最初由沙石和泥土堆积而成。在山体形成的时候，天气非常炎热，沙石中的铁元素在高温的作用下，生成了红色的氧化铁，因此火焰山呈现出火红色，就像真的着火了一样。

新疆火焰山

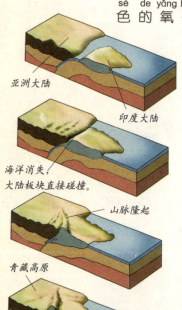

亚洲大陆

印度大陆

海洋消失，
大陆板块直接碰撞

山脉隆起

青藏高原

喜马拉雅山脉

青藏高原形成示意图

什么是高原？

高原是地壳大面积上升的结果。一般高原在500米以上。由于地壳上升比较慢，所以高原上没有特别高和特别低的地方，比较平坦，像一个大平台。我们中国是个多高原的国家，有内蒙古高原、青藏高原、黄土高原和云贵高原等四大著名高原。

世界上最大和最高的高原在哪里？

看看地球仪，你能准确地找到世界上最大和最高的高原吗？在南美洲巴西境内，有一块面积为500多万平方千米的大高原，它叫巴西高原。除了南极洲的冰雪大高原之外，它就是世界上最大的高原了。我国的青藏高原是世界上最高的高原，它的平均海拔在4000米以上，光喜马拉雅山就有16座山峰超过了8000米。

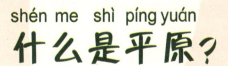

青藏高原

什么是平原？

如果站在大平原上四处眺望，你会有一眼望不到边际的感觉。平原是陆地上最平坦的区域，它不仅面积广阔，地势平坦，而且土壤肥沃，非常适合农民伯伯种植粮食蔬菜，人们大都居住在这里。根据形成方式，平原可以分为不同的类型，比如冲积平原、洪积平原等等。

平原的景色十分美丽。

广阔的平原非常适合发展农业。

我们国家有哪些平原呢？

你知道我们国家有哪些主要的平原吗？打开地图找找，位于大、小兴安岭和长白山之间的东北平原，位于黄河下游的华北平原以及长江中下游平原都是我国主要的平原地区。其中，东北平原是我国最大的平原，它包括三江平原、松嫩平原和辽河平原。这里物产丰富，是有名的"粮仓"。

丰收后的平原

冲积平原是怎么形成的？

冲积平原的形成主要是大江大河水流作用的结果。河水在流动时，会把岸边的泥沙一起带走。渐渐地，河水携带的泥沙越来越多，它流动的速度就会减慢，在大江、大河的中下游地区，河里的泥沙就停留下来，堆积起许多沉积物，最后就会形成冲积平原了。

冲积平原的形成

世界上最大的平原是哪个？

虽然我国有广袤的东北平原，但世界上最大的平原却是南美洲的亚马孙平原，它的面积约560万平方千米，占整个巴西的三分之一。这里的地势低平坦

俯瞰亚马孙平原

荡，河流蜿蜒流淌，还分布有许多湖泊。高温、潮湿、多雨是亚马孙平原的主要特点。这里还蕴藏着世界上最丰富的动植物资源，各类物种多达数百万。

为什么我国东部多平原，西部多高山？

我国西部有青藏高原，东部有长江中下游平原。那为什么我国东部多平原，西部多高山呢？大约在7000万年前，欧亚板块和印度板块发生了强烈

位于我国西部的新疆天山

碰撞，使青藏高原一带的地壳大幅度上升。而我国东部地区的地壳却大面积下降，形成了平原。所以现在才有了东部多平原，西部多高山的景象。

盆地是什么样的？

在地球上，除了高原、平原之外，还有一种地形，它的形状就像一个盆子，中间低，四周高，被高山环绕，所以它被叫做"盆地"。盆地有多种类型，比如：由大规模的火山口保留下来形成的火山口盆地；由于河流摆动拓宽了河谷，最终形成河谷盆地；如果受到大风的长期吹蚀，还会形成风蚀盆地等等。

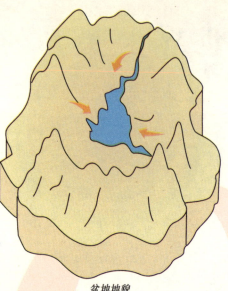

盆地地貌

我国哪里有盆地？

我国有四大盆地，分别是位于新疆的塔里木盆地，位于青海的柴达木盆地，位于四川的四川盆地，位于新疆的准噶尔盆地。其中，塔里木盆地是我国最大的盆地；柴达木盆地矿产资源丰富，被誉为"聚宝盆"；四川盆地是著名的"天府之国"，这里物产丰富，山川秀美；准噶尔盆地是我国主要的石油生产基地。

准噶尔盆地的典型地貌

为什么四川盆地又被称为红色盆地呢？

四川盆地

打开地图，你可以看到四川盆地位于中国的西南部，四周被高山环绕。四川盆地从遥远的中生代起就堆积了大量的紫红色砂页岩和泥岩，经过千万年的演化，这里的土壤渐渐呈现出紫红色，难怪它又被称为红色盆地了。

盆地下面的水库由地下水汇集而成。

干旱的塔里木盆地下面为什么会有水库呢？

塔里木盆地属于内陆干旱盆地，但它的下面竟然有巨大的天然水库！其实，30万年前，塔里木和柴达木盆地还是连在一起的大海，虽然后来这里的地壳上升，但它仍是一个降水丰富的潮湿地带，有着大量的地下水。由于青藏高原、天山等山脉的不断隆起，塔里木成为了盆地。高山上的冰川融化成水后，流向盆地，最终形成了一个天然地下水库。

沼泽是怎样形成的？
zhǎo zé shì zěn yàng xíng chéng de

红军过草地的故事，你一定听过吧？其实这种草地就是沼泽地。沼泽地里生长着大量的绿色植物，植物霉烂后就会变成黑色泥炭层，再加上泥沙的

被人们称为"绿色陷阱"的沼泽区

大量堆积，就会逐渐演变成沼泽。所以，沼泽地看上去好像是毛绒绒的绿色地毯，下面却是无底的泥潭，人一踏上去就会陷进去。因此，人们又称它为"绿色陷阱"。

森林有哪些作用呢？
sēn lín yǒu nǎ xiē zuò yòng ne

苍郁的森林

森林是陆地上长满树木的地区，它为我们提供木材、燃料和其他的生存物品。除此之外，森林还有哪些作用呢？其实，森林还可以净化空气、增加空气湿度、调节气候。而且，森林可以凭借它发达的根系，牢牢地"抓"住土壤，起到保持水土的作用。所以，人们又把森林叫做"大自然的空调器"。

森林有哪些种类？

你注意过吗？有些森林里的树叶在夏天是绿色的，可是到了秋天就会变黄，还会飘落下来。有些树叶长得就像人的巴掌那样宽大，而有的树叶长得就像针一样尖利，这是为什么呢？原来，森林也是分种类的。秋天会掉树叶的森林是落叶林；叶子宽大的是阔叶林；而长着针一样树叶的森林就是针叶林。

落叶树木

阔叶树木

被誉为"地球之肺"的是哪种森林？

茂密的热带雨林

前面我们已经介绍过，森林可以净化空气，调节气候。但你知道吗？有一种森林，它比地球上的其他森林还要厉害，可以大量吸收空气中的二氧化碳，释放更多的氧气。它就是被誉为"地球之肺"的热带雨林。热带雨林主要分布在赤道南北两侧，这里终年气候湿热，植物茂盛，地球上的很多动物都以这儿为家。

shén me shì cǎo yuán
什么是草原？

你听过"天苍苍，野茫茫，风吹草低见牛羊"这句诗吗？诗里描写的就是大草原的景色。草原是一块天然草地，世界上大约有1/5的陆地被草原覆盖，这里生活着很多食草动物和凶猛的食肉动物。草原可以分为荒漠化草原、草甸草原、高寒草原等类型。其中，地处温带的草甸草原土地肥沃，气候湿润，是牛羊生活的好地方。

新疆草原

shén me shì shā mò
什么是沙漠？

地球上有些地方全是一眼望不到边际的沙子，很少有动植物，那就是沙漠。沙漠中气候干燥，植物稀少。那么沙漠怎么会有这么多沙子呢？岩石在受到风吹日晒后，就会风化成沙砾，经过风的搬运，最后就会堆积成沙漠了。

沙漠地形示意图

沙漠从来都不下雨吗？

尽管沙漠极少降雨，但这里仍然有植物生存。

有的小朋友可能会感到疑惑，沙漠气候炎热干燥，是不是因为那里从来都不下雨呢？虽然有些沙漠地区会很多年都不下雨，比如，世界上最干旱的南美洲阿塔卡马沙漠，截至1971年，那里至少已经有100年没有下过雨了！但有些沙漠也会突然出现一次短暂的暴雨，雨水通常下落到半空中就消失了。

沙漠都是黄色的吗？

沙漠的多变色彩

我们看到的沙漠大多数都是黄色的，其实，除此之外，沙漠还有其他各种各样的颜色，这主要看沙子里含有什么样的矿物质。如果沙子里含有铁，沙漠就会是红色的；如果沙子里含有石膏，沙漠就会呈现出白色；如果沙子是由黑色岩石风化形成的，那么沙漠就会是黑色的。

为什么地球上有那么多沙漠？
wèi shén me dì qiú shang yǒu nà me duō shā mò

腾格里沙漠

我国的内蒙古、宁夏、新疆这些地方都有沙漠，在非洲还有著名的撒哈拉大沙漠。你有没有觉得奇怪，为什么地球上会有那么多的沙漠呢？如果一个地方天气干燥，很少下雨，植物稀少，还老是刮大风，就很容易形成沙漠。而且，如果人类滥伐森林，破坏草原，不爱护周围的环境，也会有沙漠化的可能。

为什么沙漠中也会有绿洲？
wèi shén me shā mò zhōng yě huì yǒu lù zhōu

你相信吗？虽然沙漠一片荒凉，但这里仍然有绿洲。每当夏季来临，融化的雪水就会流入沙漠的低谷，渗进沙漠深处。这些地下水流到沙漠的低洼地带，就会涌出地面形成湖泊。由于有地下水的滋润，这里一片绿色，生长着茂盛的植物。人们

沙漠绿洲中的胡杨林

还在绿洲上种植树木瓜果，有的绿洲上还建有较大规模的城镇呢。

世界上最大的沙漠是哪个?

世界上最大的沙漠位于非洲北部,名叫撒哈拉沙漠,它的面积约为960万平方千米,和我们的国家一样大呢!这里的天气非常干燥,很少下雨。白天,沙漠里的温度会超过70℃,世界最高气温就在这里;到了晚上,气温甚至会降到-15℃,昼夜温差非常大。所以,很少有动植物在这里生存。

撒哈拉大沙漠

沙漠中的蘑菇状岩石

搬动沙粒的风

为什么沙漠中有些岩石的形状像蘑菇?

沙漠中有些岩石的形状很奇怪,好像一个个大蘑菇。这是因为沙漠里常常会刮大风,粗重一些的沙粒,很难被风吹得很高,因此,当风带着沙粒吹过时,岩石的下部被带有大量沙粒的风一磨擦,破坏得就比较快。而岩石的上部,因为风带来的沙粒比较少,就磨蚀得比较慢。天长日久,岩石就变成了上部粗大,下部细小的蘑菇状了。

沙漠为什么会唱歌?
shā mò wèi shén me huì chàng gē

沙漠也会唱歌?是的,这种沙漠就是鸣沙。鸣沙中都蕴藏有地下水,地下水蒸发后,会形成一堵看不见的蒸汽墙,它就是一个共鸣箱。人在沙漠中行走时,会发出各种不同的声音频率,如果恰好有的频率与"共鸣箱"相同,就会引起共鸣,使沙丘发出声音了。

甘肃鸣沙山

沙丘的类型

风向

新月形沙丘形成于沙子稀少和风向恒定的地方。

风向

剑形沙丘形成于沙子稀少和风从两个方向吹来的地方。

风向

横形沙丘形成于多沙的地方,其丘脊与最强风的方向垂直。

什么是沙丘?
shén me shì shā qiū

你喜不喜欢玩堆沙丘的游戏呢?在沙漠里的平坦地区,风和阻拦物就像你的手,如果风一吹,沙子就会流动。一旦这些沙子在流动时遭到了草丛或者其他植物的"阻拦",它们就会堆积在一块儿,形成沙丘。沙丘有剑形沙丘、横形沙丘和新月形沙丘等类型。其中,弯弯的像月亮一样的新月形沙丘是最常见的。

沙丘为什么会移动呢?

现在我们知道了，沙丘是由风吹出来的，所以风可以使沙丘移动。当风吹动沙丘时，向风一面的沙粒会被吹落到背风的一面，等沙粒渐渐堆积到一定高度时，它又会被风吹落。如此循环往复，沙丘就会逐渐顺着风的方向移动。沙丘的连续移动，能形成一条条沙丘链。这时的沙漠就像是波浪起伏的大海。

沙丘移动后形成的沙丘链

落水洞是什么样的?

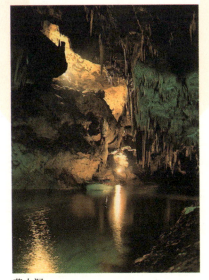

落水洞

爱看《西游记》的小朋友都知道，《西游记》里有一个老鼠变成的妖怪，住在"无底洞"里。也许你会半信半疑：世界上真的有"无底洞"吗？其实，"无底洞"就是落水洞，是地面上的水沿着石灰岩岩层进行侵蚀时形成的垂直洞穴，也是地表水流入地下河的主要通道。落水洞一般会有一百多米深，所以人们形象地叫它"无底洞"。

wèi shén me yǒu de shān dòng hěn
为什么有的山洞很
lěng yǒu de què hěn nuǎn huo ne
冷,有的却很暖和呢?

美国南部的猛犸洞温度适宜,生长着多种藻类、菌类及苔藓类植物。

yǒu de shān dòng hěn lěng yǒu de què hěn nuǎn huo
有的山洞很冷,有的却很暖和,
zhè shì yīn wèi lěng rè kōng qì de mì dù bù yī yàng
这是因为冷、热空气的密度不一样
de yuán gù lěng kōng qì mì dù dà róng yì xià chén
的缘故。冷空气密度大,容易下沉;
rè kōng qì mì dù xiǎo róng yì shàng shēng zài dòng kǒu
热空气密度小,容易上升。在洞口
xiàng xià de shān dòng li jiào qīng de rè kōng qì huì xiān
向下的山洞里,较轻的热空气会先
pǎo jìn qù yīn cǐ dòng li gé wài wēn nuǎn ér lěng
跑进去,因此洞里格外温暖;而冷
kōng qì huì gèng róng yì zuān rù dòng kǒu cháo shàng de shān
空气会更容易钻入洞口朝上的山
dòng shǐ tā biàn chéng yī ge tiān rán de lěng qì kù
洞,使它变成一个天然的冷气库。

奥地利阿尔卑斯山脉的洞穴温度极低。

shén me shì róng dòng
什么是溶洞?

yǒu yī zhǒng dòng xué tā de xíng chéng yǔ shuǐ mì qiè xiāng guān lǐ miàn zhǎng yǒu měi
有一种洞穴,它的形成与水密切相关,里面长有美
lì de zhōng rǔ shí hé shí sǔn zhè jiù shì róng dòng zài màn cháng de suì yuè li dāng
丽的钟乳石和石笋,这就是溶洞。在漫长的岁月里,当
hán yǒu èr yǎng huà tàn qì tǐ de dì xià shuǐ liú jīng hán yǒu tàn suān gài de shí huī yán shí
含有二氧化碳气体的地下水流经含有碳酸钙的石灰岩时,

五彩缤纷的溶洞

tā men jiù huì duì shí huī yán jìn xíng
它们就会对石灰岩进行
róng jiě zhè yàng jiù xíng chéng
溶解,这样就形成
le tiān rán de dì xià dòng
了天然的地下洞
xué yě jiù shì róng dòng le
穴,也就是溶洞了。

溶洞中为什么会有钟乳石呢？

溶洞里长有一种非常奇妙的钟乳石，它像冬天屋檐下的冰柱一样悬挂在洞顶上。那么，钟乳石是怎么形成的呢？原来，溶洞的洞顶上有很多裂缝，溶解了碳酸钙的地下水沿着裂缝缓缓流下，其中一部分碳酸钙会在裂缝的出口处沉积下来，经过长年累月的积累，就逐渐长成了美丽的钟乳石。

钟乳石

石笋怎么会往上长呢？

石笋

石笋是钟乳石的亲密伙伴。当洞顶上的水滴落下来时，碳酸钙也在地面上逐渐沉积起来。于是，石笋就对着钟乳石向上"长"了起来。虽然钟乳石比石笋先长出来。但石笋的底盘大，不容易折断，所以它的"生长"速度常常比钟乳石还要快。石笋甚至能"长"到30米高，像是一座平地里长出来的"石塔"。

雅丹地貌是什么样的？

你可能是头一次听说"雅丹地貌"吧！在我国西部的戈壁地区，有一座座拔地而起的不规则的土堆，高出地面几米到几十米。土堆的顶部很平整，站在上面观望四周，无数个土堆好像是在同一个高度，这种地貌就是"雅丹地貌"。雅丹地貌非常古老，它是受到狂风的侵蚀而逐渐形成的。

雅丹地貌

海和洋是同一个意思吗？

广阔的海洋

如果你把海和洋理解为同一个意思，那你就大错特错了。"洋"指的是地球表面上特别广大的水域。而我们说的"海"，只是大洋的边缘部分，陆地上的河流注入的就是海。地球上有太平洋、大西洋、印度洋、北冰洋四个大洋。其中，太平洋面积最大，岛屿最多，而北冰洋则是最小的一个大洋，它的大部分都是浮冰。

为什么说海洋是"地球生命的保护者"？

大海给我们提供了良好的生活环境。

海洋里面有大量的浮游植物可以产生氧气，所以海洋也就成了一个巨大的氧气生产工厂，为地球上的人和动物提供着生存所需要的氧气。同时，海洋还可以分解、过滤地球上的垃圾，对保护环境起着至关重要的作用，所以人们把海洋称为"地球生命的保护者"。

海洋形成示意图

熔融的地表冷却时，火山爆发喷出混合气体，形成早期的云。

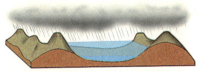

水蒸气在云中凝结成雨降下，雨水便灌满广阔的低地。

地球冷却，火山喷发逐渐减少。这些巨大的水注变成又热又酸的原始海洋。

海洋是怎样形成的？

观察地球仪，你会发现，地球表面的海洋面积比陆地大。那么，海洋是从哪儿来的呢？地球刚刚形成的时候温度很高，到处都是火山。火山喷发出了大量的水蒸气，这些水蒸气升到高空就形成了云。后来，云层中的小水滴就变成了雨，落到地面的雨水都往低处流淌，最后灌满了低地，就形成了海洋。

海水是从哪里来的呢?

一望无垠的大海

站在海边，常常感觉看不到边际。那么多的海水是从哪里来的呢?在地球刚刚形成的时候，本来是没有海水的，它们都"藏"在岩石和矿物里面。但是，在地球"长大"的过程中，地球本身会发生很多变化，释放出岩石和矿物中的水。比如，火山活动中总是有大量的水蒸气伴随岩浆喷发出来。海水就是通过这样的方式经过数亿年的积累逐步形成的。

海岸构成示意图

什么是海岸?

你有没有到过海边，在那里捡漂亮的贝壳呢?这种大海和陆地交接的地方就是海岸。海水不停地涨潮落潮，不断冲击着陆地，在这种力量的作用下，海岸的形状也在不停地改变，有的因为受到海水的冲蚀而缩小，有的则因为泥沙沉积而扩展。海岸不仅有着丰富的自然资源，而且周围还分布着许多港口和城市呢。

海岸线是什么意思？

坐飞机经过海岸上空，可以看到海水与陆地之间有一条清晰的分界线，有的弯弯曲曲，有的则像用刀子割出来一样笔直，这就是海岸线。沿海国家都有海岸线，比如：我国的大陆海岸线总长就达18000多千米。而位于大洋洲的澳大利亚，海岸线总长度达到了36735千米。

弯曲的海岸线

大陆架指的是什么？

从大陆到海底并不是垂直的，它们中间有个小小的斜坡，缓慢地向大海深处倾斜，这就是大陆架。大陆架能到达海平面下300多米的地方，然后大海就会骤然变深，就像是悬崖一样一直延伸到海底。大陆架像一个巨大的宝藏，蕴藏着丰富的石油、天然气和其他矿物资源。

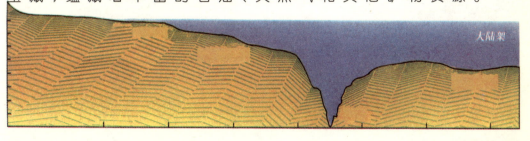

大陆架

"海峡两岸"中的"海峡"是什么意思?

台湾海峡

在我国东南角,有一个台湾海峡。很多小朋友都不明白"海峡"是什么意思。仔细观察一下地图你就会发现,台湾海峡把我国的东海和南海连接了起来。所以,在两块陆地之间连接两个海或洋的狭长水道就是海峡。地壳运动时,临近海洋的陆地会断裂下沉,出现一片凹陷的深沟,涌进来的海水就会把原本相连的两块大陆分开,这样就形成了海峡。

为什么大海无风也起浪?

大海翻滚起洁白的浪花。

如果你坐船在海上旅行的话,你就会发现,即使没有起风,大海也翻滚着洁白的浪花。原来,在风的直接作用下产生的浪,它不仅会在原地波动,还会源源不断地向四周传播。这样一来,没有起风的地方也就有了浪。这种波浪的波长很长,如果风停了,波浪也不会立即消失,它还会再波动一段时间。

wèi shén me dà hǎi shì lán sè de ne
为什么大海是蓝色的呢？

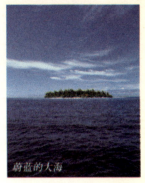

蔚蓝的大海

nǐ qù guò hǎi biān ma　lán lán de dà hǎi kàn qǐ lái
你去过海边吗？蓝蓝的大海看起来
shì nà me měi　gào su nǐ　qí shí hǎi shuǐ shì wú sè tòu
是那么美。告诉你，其实海水是无色透
míng de　hǎi shuǐ zhī suǒ yǐ chéng xiàn chū měi lì de lán sè
明的。海水之所以呈现出美丽的蓝色，
nà quán shì yáng guāng de　gōng láo　yáng guāng shì yóu hóng chéng huáng lǜ lán diàn
那全是阳光的"功劳"。阳光是由红、橙、黄、绿、蓝、靛、
zǐ qī zhǒng sè cǎi gòu chéng de　zài tā men zhōng jiān　bō cháng bǐ jiào cháng de hóng guāng róng
紫七种色彩构成的。在它们中间，波长比较长的红光容
yì bèi hǎi shuǐ xī shōu　ér bō cháng jiào duǎn de lán guāng hé zǐ guāng jiù huì bèi fǎn shè huí
易被海水吸收，而波长较短的蓝光和紫光就会被反射回
lái　suǒ yǐ wǒ men kàn dào de hǎi shuǐ jiù shì
来，所以我们看到的海水就是
lán sè de le
蓝色的了。

可见光　紫外线　X射线　伽马射线

红外线

无线电波

不同波长的光线

hǎi shuǐ zěn me huì shì xián de ne
海水怎么会是咸的呢？

zài hǎi biān yóu yǒng shí　nǐ yǒu méi yǒu　hē　dào guò xián xián de hǎi shuǐ ne
在海边游泳时，你有没有"喝"到过咸咸的海水呢？
zhè shí　nǐ shì bù shì huì xiǎng　shì shuí zài hǎi li fàng le nà me duō yán a　qí shí
这时，你是不是会想：是谁在海里放了那么多盐啊？其实，
zài hǎi yáng gāng xíng chéng de shí hou　tā bìng bù shì xián de　dàn lù dì shang de tǔ rǎng
在海洋刚形成的时候，它并不是咸的。但陆地上的土壤
hé yán shí zhōng dōu hán yǒu dà liàng de yán fèn
和岩石中都含有大量的盐分，

蒸发与降水的循环，使海水变咸了。

zhǐ yào yī xià yǔ　zhè xiē yán fèn
只要一下雨，这些盐分
jiù huì róng jiě zài shuǐ zhōng bèi dài jìn
就会溶解在水中被带进
hǎi li　nǐ zhī dào ma　měi nián
海里。你知道吗？每年
liú rù dà hǎi li de yán zhì shǎo
流入大海里的盐至少
yǒu　yì duō dūn ne
有39亿多吨呢！

wèi shén me dà hǎi bù huì gān kū ne
为什么大海不会干枯呢?

不管什么时候去海边,大海都是奔涌咆哮永不枯竭的样子。你觉得奇怪吗?为什么海水不会干呢?实际上,海水也是要蒸发的。只要

水循环示意图

太阳一晒,大量的海水就会变成水蒸气上升到空中,最后水蒸气又会凝结成雨珠降落到海里。而落到陆地上的雨珠会流进小溪、河流,最后融于大海,补充蒸发掉的海水。如此周而复始,大海里的水就永远也不会干了。

cháo xī shì zěn yàng chǎn shēng de
潮汐是怎样产生的?

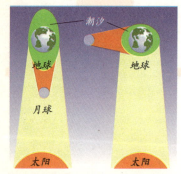

潮汐现象发生示意图

去过海边的人都知道,海水有涨潮和落潮的现象。海水涨潮时被称为"潮",落潮时则被称为"汐"。那么,潮汐是怎样产生的呢?原来,海水在跟随地球自转的同时,也受到了月球和太阳的吸引力,这种力被称为"引潮力"。在引潮力的作用下,难怪海水会不停地涨潮和落潮了。

世界海洋的最深点在哪里?

闭上眼睛,你能想象得出最深的海洋有多深吗?位于北太平洋西部的马里亚纳海沟深达11034千米。也许你并不觉得这个数字有多大。那就打个比方吧,如果把地球上最高的珠穆朗玛峰移到这里,它会被完全淹没在海底,看不到影子。马里亚纳海沟就是我们现在已经知道的世界海洋的最深点。

马里亚纳海沟能够把珠穆朗玛峰完全淹没。

为什么远处的海和天会连在一起?

站在海边往远处看,你会发现远处的海和天紧紧地连在一起。这是怎么回事呢?由于地球是圆形的,所以覆盖在地球表面的大海其实也呈弯弯的弧形,因此,大海和天空其实是平行的。但由于我们视力的局限,当我们站在海边往远处眺望时,就会觉得大海和天空好像交汇到了一起似的。

远远看上去,海和天是紧紧连在一起的。

为什么大海不会结冰呢？

在寒冷的冬天，许多河流、湖泊都结冰了，但大海却不会结冰。其实在一般情况下，水一到0℃就会结冰，但如果水里含有其他的成分，结冰的温度就要降到0℃以下了。由于海里含有大量的盐，所以它结冰的温度要比一般的水低，在冬天也就不太容易结冰了。另外，海水无风也会起浪，这也使它不容易结冰。

与其他江河湖泊不同，冬天的大海不会结冰。

大海为什么会发光？

漆黑的夜晚，在茫茫的大海上，常常可以看到一道道光闪来闪去。这些光，远看像灯火，近看又不是，那它们究竟是什么呢？其实，这些光是由会发光的生物形成的，比如鞭毛虫、水母和一些鱼类。在它们体内有能够发光的器官，当这些生物受到刺激时，身体里的发光器官就能发出光亮。

闪烁着美丽光芒的大海

红海的水真是红色的吗？

我们看到的海都是蓝色的，但位于亚洲阿拉伯半岛和非洲大陆之间的红海，海水却是红色的。造成这种现象的原因是：红海气候干燥，海水蒸发得非常快，所以海水里的含盐量和温度都非常高。在这样的海水里，蓝绿藻能快速生长，而蓝绿藻类死亡后呈红色，所以海水就变红了。

夕阳照射下的红海

黑海里的水为什么会发黑呢？

在欧洲大陆和亚洲大陆相结合的地方，有一个黑海，那里的海水都是黑色的。可不要认为这是有什么怪物在作怪哦！因为黑海只有一个出口，这就使黑海底层的海水无法与外海海水迅速交换，海底氧气变得非常稀少，导致细菌非常活跃。海里的有机物被细菌分解后，把海底的淤泥染得黑黑的。这样一来，海水就变成一片黑色了。

黑海海水

赤潮是怎么回事？

赤潮

单从字面上来解释，赤潮就是红色的潮水，但这种红色并不是大海本身的颜色，而是海水中的藻类和鞭毛虫细胞遇到适宜的环境条件突然大量繁殖引起的。有时一滴海水中就含有6000个鞭毛虫！当这些生物死亡后，海水就会被"染"红，形成赤潮。赤潮对海洋的危害很大，它会使鱼类大批死亡。

海洋中怎么会有岛屿呢？

海洋中也有陆地，这就是岛屿。岛屿形成的原因很多。有的是由于地壳变化，使得它与原先的陆地分离，从而形成了岛屿；有的是由江河带来的泥沙，在入海口逐渐堆积形成的；有的是海底火山爆发时，由岩浆喷射物堆积而成。另外，海里还有珊瑚虫堆积形成的珊瑚岛呢！

新西兰的怀特岛是海底火山喷发形成的。

世界上有"会走路"的岛屿吗？

北极的岛屿

在北极有这样一个小岛，它长约11千米，宽约5千米。存在了一段时间后，小岛突然神秘地消失了，后来人们在离北极240千米远的地方找到了它。所以人们称它为"会走路"的岛屿。小岛为什么会"走路"呢？原来，这座岛是北极冰盖断裂后形成的，它漂浮在水面上，随着大风和海浪移动，所以才会"走路"。

河流是怎样形成的？

你知道河流是怎样形成的吗？河流的发源地通常都在山里，雨水落到地面后，汇集起来就形成了小溪，它们和许多细小的泉水、融化的雪水一起，成为一条小河向前奔涌。在这个过程中，其他的小溪和雨水会加入这个"队伍"，最后形成长江、黄河这样汹涌澎湃的大河流。

河流流程
示意图

为什么河流都是弯弯曲曲的呢？

九曲十八弯的黄河

不知道你注意过没有，河流很少有直线形的，它们总是弯弯曲曲地向前流淌。原来，河流在行进的过程中并不是一路畅通的，它总是会遇到不同的阻碍。如果河岸比较容易被破坏，水流就会冲开它继续前进。如果河岸比较坚固，水流就会绕着它前进。所以整条河流看起来就是弯弯曲曲的了。

为什么河流中间还有旋涡呢？

河水并不是平稳地向前流动的，它的中间常常有旋涡。这是因为河流中常常有桥墩、礁石等物体。流得很快的河水撞到这些物体时，就会产生短时间的倒退，但后面的水仍然会冲上来。这样，倒流的水进也不能进，退也无法退，只好在礁石等物体前打转转，形成旋涡。

巨大的河流旋涡

运河有什么用？

和大自然中天然形成的河流相比，运河就是人工开辟的"河流"。在靠近海洋的陆地上开凿的运河，

巴拿马运河

能把大海连接起来，使船舶顺利地在两个大洋之间穿行。比如沟通印度洋和大西洋的苏伊士运河，以及连接太平洋和大西洋的巴拿马运河。在我国还有京杭大运河，它将北京和杭州连接了起来，这样，南方和北方的货物就能比较顺畅地流通了。

地球上哪条河的流量最大？

亚马孙河

在我国，有奔腾咆哮的长江、黄河。但是在南美洲，有一条比长江、黄河还要雄伟壮阔的河流，它就是亚马孙河。亚马孙河发源于秘鲁，蜿蜒曲折流经了8个国家，最后注入大西洋。在地球全部河流的水量中，亚马孙河大约占了1/5。亚马孙河是世界上流量最大的河流。

为什么长江三峡特别险峻？

长江三峡

坐船经过长江三峡，你会发现这里的山特别高，江面上还有险滩。为什么长江三峡会这么险峻呢？原来，四川盆地曾经是一个内陆湖，三峡就是连接这个内陆湖和长江之间的通道。由于这个通道并不十分"宽敞"，湍急的河水不断地冲刷三峡两岸的峭壁，就使三峡两岸变得越来越险峻了。

长江为什么被称为"黄金水道"？

长江三峡是我国最重要的水运交通要道。

长江在我国有"黄金水道"之称。打开地图，你就会发现，这个称呼对它来说非常贴切。长江的源头在青藏高原，入海口却在上海，它流过了11个省、自治区和直辖市，水量丰富，支流众多，有很长的航道可以供船舶行驶，是我国最重要的水运交通要道。而且，长江流域还有丰富的森林和矿产资源呢。

wèi shén me dà hé rù hǎi chù huì yǒu sān jiǎo zhōu
为什么大河入海处会有三角洲?

在大江大河的入海口处通常都有三角洲,比如长江三角洲和珠江三角洲分别位于长江和珠江的入海口。这是因为河水在流动过程中会从上游带来大量泥沙,到了入海处,水流动的速度减慢,泥沙就会在河口沉淀、堆积起来,并最终露出水面,也就成了"三角洲"。

珠江三角洲

wèi shén me jiāng hé yǔ hǎi huì hé chù de shuǐ sè
为什么江河与海汇合处的水色
bù yī yàng ne
不一样呢?

江河与海汇合处的水色有明显差异。

陆地上的大江大河,最终都会流入大海。但你知道吗?江河与海汇合处的水色是不一样的。河水含的盐分比海水低,它的重量就比海水轻。因此,河流入海后,总是在海面上流动。加上河水里含有泥沙,黄黄的河水和蓝蓝的海水交汇在一起,就形成了非常明显的水色界限了。

黄河是黄色的河吗?

小朋友肯定听说过黄河吧，你是不是有过这样的疑问：黄河是黄色的河吗？是的，黄河水的颜色的确和它的名字一样。这是因为黄河在流经黄土高原时，由于那里缺少树木的保护，一到雨季，黄土就会随着雨水流入黄河，使黄河的含沙量突然增高，于是就把河水"染"黄了。

浑浊的黄河水

黄河下游为什么会被称为"地上河"呢?

黄土高原上的泥沙是使黄河成为"地上河"的原因。

我们已经知道了，黄河水中含有大量的泥沙。当带有泥沙的水流到下游时，由于地面平坦了许多，河水的流速会越来越慢，泥沙逐渐淤积下来，这样就抬高了河床，形成"地上河"。现在，黄河下游不少地段的水位都高出地面8~10米，也就是说，黄河是在三四层楼那么高的空中流动的！

为什么尼罗河会变色？

一年中，非洲尼罗河的河水会从清澈透明变为绿色，又变为红褐色，最后又恢复它的本来面目。这是因为每年的2～5月，是尼罗河的枯水期，河水清澈透明。从6月开始，漂浮的植物会使尼罗河的水色变绿。到了7月，尼罗河的水量突然增大，大量泥沙就使河水呈现出一片红褐色。11月时，水位下降，尼罗河就又清澈见底了。

美丽的尼罗河

为什么鹅卵石老是光溜溜的？

在河滩上，我们常常可以看到许多鹅卵石，它们的表面滑溜溜的，摸起来非常光滑，和其他石头的手感完全不同。其实，鹅卵石也是岩石破裂形成的，它们被爆发的山洪或泥石流带进了河里。在水流的作用下，石头们挤来挤去，把原来的棱角都磨掉了。再加上流水的不断冲刷，石头就变成了光溜溜的模样。

河边圆润的鹅卵石

湖泊是怎样形成的？

你有没有发现，下过雨以后，地面上低洼的地方会出现一个个小水坑呢？湖泊形成的原理也跟这些水坑差不多：水汇集在低洼处就会成为湖泊。除此之外，湖泊还可以通过其他方式形成，比如：有的湖泊本来是海的一部分，由于泥沙把大片水域与大海隔离，就形成了单独的湖泊。如果火山喷出的熔岩碎石堵塞了河道，也会形成湖泊。

西藏纳木错

火口湖的形成

火山喷发

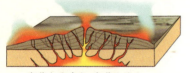

岩浆大量喷发，岩浆池缩小。

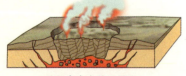

地面失去支撑而塌陷。

降水汇聚成湖。

什么是火口湖？

你听说过火口湖吗？火山喷发后会形成火山口，如果有雨水汇集，就会成为火口湖。它的四周一般被岩浆堆积而成的山峰环绕，远远望去像个圆锥体。火口湖面积不大，但湖水却比较深。而且，它的附近还会有许多温泉。

堰塞湖是什么意思？

降水汇聚成湖。

发生山体崩塌。 崩塌山体堵塞河道。

河流上游水流缓滞成湖。 堰塞湖的下游一般都伴随一个大的瀑布。

堰塞湖的形成过程

你是第一次听说"堰塞湖"这个名字吧？其实它的形成也跟地震、火山喷发有关。当山间的河流遇到地震、火山喷发引起的山崩时，大量的淤泥和石块会把高处的水流拥堵起来，最后形成湖泊，这就是堰塞湖。这些湖泊的形状有的像树叶，有的则成条形。在堰塞湖的下游，一般都会有一个大瀑布。

外流湖是指湖水向外流的湖吗？

外流湖

湖水能向外流的确是外流湖的重要特点，但外流湖的水并不是"只出不进"，湖里的水大都来自雨水，与它相通的河流也会给它补充水分，所以湖水不会干涸。此外，外流湖与河流相连，最终会流入海洋，所以它又被称为"排水湖"。

什么湖才算内流湖呢？

shén me hú cái suàn nèi liú hú ne

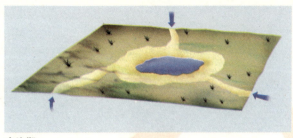

内流湖

既然有外流湖，那是不是也有内流湖呢？对了，内流湖完全和外流湖相反，它没有出口，只有向内流淌的河道，所以湖水就不能与河流相连，进入海洋。在阳光的照射下，湖水会不断蒸发，这样一来，不断流入湖中的水的盐分就都留在了湖里，越积越多，湖水就会变得又咸又涩。

弯曲的河流会形成湖泊吗？

wān qū de hé liú huì xíng chéng hú pō ma

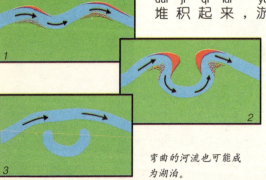

弯曲的河流也可能成为湖泊。

前面我们已经讲过，河流不喜欢"走"直线，但有一种河流弯曲得非常厉害，几乎是大半个圆圈。这样一来，河水中的淤泥就会在两个弯曲的地方堆积起来，淤泥越来越多，等它们互相靠拢，"对接"在一起之后，就形成了新的航道，弯曲的地方就会从河流中"折断"，留下一个弯弯的湖泊，这样的湖泊叫做牛轭湖。

为什么人在死海里不会沉下去？

在死海，人可以像一块木板一样浮在海面上，而不会沉下去，这其实是盐在作怪！死海的气候又干又热，流进湖里的水不断蒸发，却把盐留在了湖中。天长日久，水里的盐分就越积越多，其水中的含盐量比普通海水高8倍呢。而咸水的浮力要比淡水的浮力大。所以，在这样的水中，人自然就不会沉下去了。

人可以像木板一样浮在死海海面上。

为什么湖水有的咸、有的淡？

你知道吗？很多原因都能造成湖水变咸或者变淡。有的湖水溶解了周围岩石粉末中的盐分，或是流向湖泊的地下水将盐分带入了湖中，这个湖就成了咸水湖。还有的湖在远古时代就是海的一部分，所以现在的湖水依然很咸。如果一个湖与河流相连，河水可以把盐分输送到大海里，然后不断地给湖换水，于是湖水就是淡的了。

肯尼亚北部的图尔卡纳湖是一个咸水湖。

湖水的颜色为什么会有变化呢？

在阿富汗的班得阿米尔河沿岸，有一串颜色各异的湖泊，它们有的乳白、有的浅绿、有的深蓝、有的深绿，看上去非常美丽。原来，这些湖泊的水里含有大量碳酸钙，生活在湖水里的植物，会和水发生化学反应，在湖底形成含有碳酸钙的石灰岩。在阳光的照耀下，湖底的石灰岩将光线反射回去，就呈现出了不同的颜色。

呈现不同颜色的湖水

高原和高山上也有湖泊吗？

新疆天池

现在我们知道了，湖泊其实就是地球上的"小水坑"，但它并不只是出现在平地上，高原和高山上也有湖泊。比如，在青藏高原，地壳活动使有些地方的地面凹了下去，形成一个个可以积水的洼地，从而出现了湖泊。在新疆天山，大量的冰川堆积物堵塞了河谷以后，就形成了著名的湖泊——天池。

为什么长江中下游一带湖泊特别多？

位于长江中下游的鄱阳湖

在我国长江中下游一带，有许多美丽的湖泊，比如洞庭湖、太湖等等。亿万年前，长江中下游的平原曾经形成过巨大的洼地，出现了一些规模很大的湖泊。后来，由于河流带来的泥沙不断堆积，将湖底垫高，有的地方就逐渐露出了水面，原来的大湖就被分割成星星点点的小湖泊了。

我国的五大淡水湖分别在哪里？

江苏无锡太湖

我国长江流域湖泊众多，在平原和高原地区都有分布。其中，平原地区的湖泊都是淡水湖。在全国的五大淡水湖中，长江流域就占四个，即江西鄱阳湖，号称"八百里洞庭"的湖南洞庭湖，以及江苏无锡的太湖和安徽巢湖。此外，淮河流域的洪泽湖也是五大淡水湖之一。

我国最大的淡水湖是哪个？
wǒ guó zuì dà de dàn shuǐ hú shì nǎ ge

在我国的五大淡水湖中，位于江西省北部的鄱阳湖是我国最大的淡水湖。鄱阳湖的形状像个大葫芦，它汇集了赣江、抚河、饶河、修水和信江这五条河流，即使是在冬天的枯水期，它的面积也有三千多平方千米。在春、秋两季，鄱阳湖的面积会达到五千平方千米。

鄱阳湖

我国最大的咸水湖是哪个？
wǒ guó zuì dà de xián shuǐ hú shì nǎ ge

位于青海省东部的青海湖是我国最大的咸水湖，它的面积约为4456平方千米，比著名的太湖还要大一倍多呢。青海湖东西长，南北窄，略呈椭圆形，湖的四周被四座高山所环抱，从山下到湖畔则是广阔的草原。

青海湖

wǒ guó dōng bù dì qū hǎi bá zuì gāo de hú pō shì
我国东部地区海拔最高的湖泊是
nǎ ge
哪个？

长白山天池

wǒ guó de
我国的
dōng běi yǒu yī
东北，有一
ge yóu huǒ shān kǒu
个由火山口
jī shuǐ xíng chéng de hú pō　　chánɡ bái shān tiān chí　tā zhàn zài chánɡ bái shān de shān
积水形成的湖泊——长白山天池，它"站"在长白山的山
dǐnɡ gāo chū dì miàn liǎnɡ qiān duō mǐ　shì wǒ guó dōng bù dì qū hǎi bá zuì gāo de hú
顶，高出地面两千多米，是我国东部地区海拔最高的湖
pō yóu yú tiān chí běn shēn de gāo hǎi bá　zài jiā shànɡ dōng běi dì qū de wěi dù bǐ
泊。由于天池本身的高海拔，再加上东北地区的纬度比
jiào gāo shǐ de zhè lǐ tiān qì hán lěnɡ zhí wù quē fá méi yǒu yú lèi shēng cún
较高，使得这里天气寒冷，植物缺乏，没有鱼类生存。

tiān rán lì qīng hú shì zěn me huí shì
天然沥青湖是怎么回事？

位于加勒比海的沥青湖

lì qīng shì pū lù shí yòng de cái liào　tōnɡchánɡdōu shì
沥青是铺路时用的材料，通常都是
rén gōng jiā gōng ér chéng de　dàn zài jiā lè bǐ hǎi de dōng nán
人工加工而成的，但在加勒比海的东南
duān　yǒu yī ge tiān rán lì qīng hú　hú li de lì qīng zhì
端，有一个天然沥青湖。湖里的沥青质
dì yōu liáng hé qí tā lì qīng xiāng bǐ　tā de nián xìng gèng
地优良，和其他沥青相比，它的黏性更
qiáng hú li de lì qīng jīng guò nián nián kāi cǎi cóng lái dōu
强。湖里的沥青经过年年开采，从来都
bù huì jiǎn shǎo yuán lái gǔ dài de dì qiào biàn dòng shǐ
不会减少。原来，古代的地壳变动，使
yán céng fā shēng le duàn liè dì xià de shí yóu hé tiān rán qì
岩层发生了断裂，地下的石油和天然气
yǒng le chū lái yǔ ní shā děng wù zhì huà hé chéng wéi le lì qīng lì qīng zài hú chuáng
涌了出来，与泥沙等物质化合成为了沥青。沥青在湖床
shangzhú jiàn duī jǐ yìng huà zhú jiàn xíng chéng le xiàn zài de tiān rán lì qīng hú
上逐渐堆积硬化，逐渐形成了现在的天然沥青湖。

bèi jiā ěr hú li zěn me huì yǒu hǎi yáng dòng wù ne
贝加尔湖里怎么会有海洋动物呢?

海洋动物都生活在海里,湖里怎么会有海洋动物呢?但是,俄罗斯的贝加尔湖里就生活着大量的海豹、鲨鱼等海洋动物。这是怎么回事呢?科学家们研究发现,贝加尔湖以前是海洋,后来发生的地壳运动,使周围的高山隆起,它却下降成为了湖泊。有些生存能力特别强的动物,慢慢地适应了新的环境,就成为了生活在淡水中的海洋动物。

贝加尔湖海豹

壮观的瀑布

pù bù shì zěn yàng xíng chéng de
瀑布是怎样形成的?

你知道又大又壮观的瀑布是怎样形成的吗?其实,瀑布形成的原因很多,比如:由于地壳运动,形成了很陡的岩壁,河流经过这里,突然跌落下来,就成了瀑布。另外,如果原来的河道被火山喷出的岩浆堵塞了,就会形成天然堤坝,水流溢出后,也会成为瀑布。

"瀑布"这个名字是怎样来的？

瀑布是一道很宽很长的水帘。如果水流经过一段悬崖峭壁，一下子跌落下去，不间断的水就会流成一道宽大的水帘，远远看去，就好像是挂在山崖上的一块布一般，所以人们才把它称为"瀑布"。但瀑布也是暂时性的，在水流的强力冲击下，悬崖也将不断地坍塌，最终导致瀑布消失。

瀑布就是挂在山崖上的巨大水帘。

为什么瀑布下有深潭？

瀑布由上而下的冲击力相当大，船舶行驶到靠近瀑布的地方，都要绕行。在多雨的季节，瀑布的水量变大，冲击力变得更强了，瀑布下面的岩石，经常受到这种巨大力量的冲击，时间长了，便会出现一个大大的凹洞，于是瀑布下就会产生一个深潭。

瀑布下面一般都会有一个深潭。

我国最大的瀑布在哪里？

黄果树瀑布

在我国贵州省，有一条曲折的白水河。当它流经一个叫黄果树的地方时，河床突然中断。这时，白水河的河流就会从七十多米高的悬崖上突然跌落下来，形成壮观的黄果树瀑布。这条瀑布有81米宽，74米高，水流发出的声响就像夏天打雷一样，它就是我国最大的瀑布。

地球上落差最大的瀑布是哪条？

唐朝大诗人李白曾写过"飞流直下三千尺，疑是银河落九天"这样赞美瀑布的著名诗句，你可千万别觉得这只是一种夸张。在南美洲的委内瑞拉，就有一条深藏在高山密林之中的瀑布，这就是世界上落差最大的安赫尔瀑布。它的水量虽然不是很大，落差却有979米。当你站在瀑布边上的时候，你会觉得天上的水好像全都倒下来了一般。

气势磅礴的瀑布

为什么会有地下水？

水不仅仅流淌在地表上我们可以看见的地方，地面下也是有水的哦！地下水就是埋藏在地面以下的水。由于靠近地面的土层比较疏松，空隙就比较大，地面上的雨水、雪水就会沿着空隙渗透下去。如果有

冰雪融化渗入泥土，形成了地下水。

不透水的岩层挡住了水的去路，或者是地下有溶洞，水就会聚集在一块儿，形成了地下水。

什么是泉？

山间清泉

地下水不停地流动，一旦它们找到了缝隙，就会涌出地面，变成泉水。地球上的泉有很多种，比如温泉、间歇泉等等，它们都有各自的特点。泉水在山区比较常见，比如我国的长白山、天山一带，就分布着许多温泉。但是在平原地区，却很少能见到泉水。

pēn quán shì zěn yàng xíng chéng de
喷泉是怎样形成的?

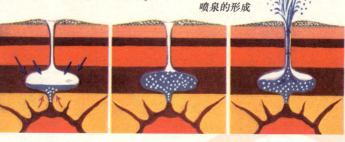

喷泉的形成

gōng yuán li jīng cháng
公园里经常
kě yǐ kàn dào rén gōng pēn
可以看到人工喷
shuǐ de pēn quán nǐ
水的"喷泉",你
jiàn guò zì rán jiè zhēn zhèng
见过自然界真正
de pēn quán ma nǐ zhī dào zhè xiē quán shuǐ shì zěn me cóng dì xià pēn chū lái de ma
的喷泉吗?你知道这些泉水是怎么从地下喷出来的吗?
rú guǒ yǒu yī bù fen dì xià shuǐ bèi yán jiāng jiā rè dào fèi téng shí tā jiù huì xíng chéng
如果有一部分地下水被岩浆加热到沸腾时,它就会形成
shuǐ zhēng qì shuǐ zhēng qì dài yǒu yī dìng de yā lì zhè yàng qí tā de dì xià shuǐ jiù
水蒸气,水蒸气带有一定的压力,这样,其他的地下水就
huì zài zhēng qì yā lì de zuò yòng xià tū rán pēn chū dì biǎo chéng wéi pēn quán
会在蒸汽压力的作用下,突然喷出地表,成为喷泉。

wèi shén me quán shuǐ huì pēn pēn tíng tíng
为什么泉水会喷喷停停?

冰岛的大间歇泉

dì qiú shang yǒu yī zhǒng quán shuǐ tā men
地球上有一种泉水,它们
pēn fā de shí hou hái huì zhōng tú xiū xi
喷发的时候,还会"中途休息",
gé yī duàn shí jiān cái pēn fā yī cì hěn qí
隔一段时间才喷发一次。很奇
guài ba zhè zhǒng quán jiù shì jiàn xiē quán shàng
怪吧!这种泉就是间歇泉。上
miàn wǒ men yǐ jīng jiǎng guò le quán shuǐ shì zài
面我们已经讲过了,泉水是在
zhēng qì yā lì de zuò yòng xià pēn chū dì biǎo de
蒸汽压力的作用下喷出地表的。
dàn shì rú guǒ pēn chū lái de shuǐ yòu màn màn shèn
但是,如果喷出来的水又慢慢渗
rù dì xià bìng zài dì xià chóng xīn jī cún qǐ
入地下,并在地下重新积存起
lái rán hòu zài dù shòu rè pēn chū rú cǐ
来,然后再度受热、喷出,如此
xún huán jiù huì chéng wéi jiàn xiē quán
循环,就会成为间歇泉。

老实泉能喷多高呢？

在美国的黄石公园里，有这样一股奇特的泉水，每隔65分钟它就会喷发一次。而且，这个时间从来没有改变过！所以人们会叫它"老实泉"。其实，老实泉就是间歇泉的一种，只是它的间歇时间比较固定，比较准确罢了。你知道吗？它喷出来的水柱有90多米高呢！

美国黄石国家公园的老实泉

什么是温泉？

温泉是从地底涌出的天然热水。大部分温泉都是通过岩浆产生的。岩浆在地壳内冷却时，会产生热气，大量的热气遇到含水岩层，就能形成热水，热水喷出地表就是温泉。仔细观察就会发现，有的温泉会直接喷出地表，有的则是慢慢地流出来，这是因为它们受到的压力有的大，有的小。你知道吗？温泉加工后还可以制成矿泉水呢。

长白山脚下的温泉

wèi shén me wēn quán shuǐ shì rè de
为什么温泉水是热的？

温泉水的温度比其他泉水都高。

你相信吗？有些温泉的水温非常高，甚至可以把鸡蛋煮熟。是什么东西把水加热了呢？原来，在地下很深很深的地方，有大量的岩浆。当地下水从那里经过时，就会被它加热，逐渐变成热水。水的温度非常高，所以被喷出来以后仍然是热的。

wēn quán néng zhì bìng ma
温泉能治病吗？

如果有人告诉你，温泉能治病，你会不会相信呢？其实这是真的哦！泉水在地下流动时，溶解了地下的许多矿物质和微量

温泉对治疗皮肤病有一定疗效。

元素，这些东西对人体有很大的好处，比如硒、硫磺等，它们可以治疗皮肤病。而且，经常泡温泉，可以使你的皮肤更健康。

为什么山东济南的泉水特别多？

有些泉水流出来以后就汇成了小溪。

你知道我们国家的"泉城"在哪儿吗？它就是山东济南，这里可有700多处天然泉水呢。济南的南面是一片山区，山区的岩石是可以输送地下水的石灰岩。石灰岩正好向北倾斜，于是，山区里大量的地下水就顺着石灰岩，流向了济南一带，给这里带来了大量的泉水。

冰川是什么？

南、北两极和一些高山上常年穿着一件纯白的冰雪"外衣"，人们把它叫做"冰川"。其

南极冰川

实，冰川就是一个巨大的固体水库，这里储存着大量的淡水。但是，如果天气变得太暖和了，冰川就会融化，这可是很危险的。如果地球上的冰川全部融化，几乎所有的沿海平原地区都将变成汪洋大海！对人类的生存就会形成严重的威胁。

bīng chuān shì zěn me lái de
冰川是怎么来的？

地球上的冰川是从哪里来的呢？在南极、北极和一些高山地区，由于气温很低，使积雪越来越多，并越压越紧。白天被融化的雪，到了晚上就被冻成了冰晶。冰晶和雪花一起，被压得严严实实，变成了蔚蓝色透明的冰，这就是冰川冰。等到冰川冰积累到一定的厚度，它就会慢慢流动，成为冰川。

海螺沟冰川

bīng chuān wèi shén me huì zǒu lù ne
冰川为什么会"走路"呢？

由于冰川运动速度缓慢，不易被觉察，所以常使人们形成冰川静止不动的错觉。

虽然冰川是个个头儿很大的家伙，但它也会"走路"哦。如果在冰川上盖一座房子，一段时间以后，房子会随着冰川向下移动一段距离。其实这是重力作用在"捣蛋"。在有冰川的地方，厚重的冰在重力的作用下，就会从高处到低处缓慢流动。于是，冰川就会像一条河一样慢慢"流淌"起来。

冰川期是怎么回事?

今天我们生活在陆地上，但是你知道吗？说不定你脚下的土地在亿万年前曾经是冰川哦！这可一点都不奇怪。在地球形成的过程中，有很长一段时间，地球上的温度非常低。最冷的时候，整个地球大陆有三分之一的面积都被冰川掩盖着。许许多多的动植物大量死亡甚至灭绝，这段时期就被称为冰川期。

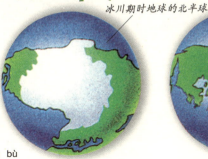

冰川期时地球的北半球 现在地球的北半球

冰川期时冰雪覆盖了更多的陆地。

庐山真的有过冰川吗?

庐山

庐山树木茂盛，气候舒适。但你相信吗，庐山曾经有过冰川呢？庐山位于我国长江中下游地区，在冰川期的时候，这里的温度和西部地区高山上的温度相比，要低得多，冬天也会下很大的雪。所以，积雪很容易在这里汇集起来，从而形成了冰川。后来，全球气温逐渐变暖，庐山才逐渐变成了现在的样子。

图书在版编目（CIP）数据

中国学生最想解开的1001个地球之谜 ／ 龚勋编著
．−北京：人民武警出版社，2012.5
（学生眼中的世界）
ISBN 978−7−80176−789−9

Ⅰ．①中⋯ Ⅱ．①龚⋯ Ⅲ．①地球−少儿读物 Ⅳ.
①P183−49

中国版本图书馆CIP数据核字（2012）第088588号

中国学生最想解开的1001个地球之谜

主编：龚勋

出版发行：人民武警出版社

　　社址：（100089）北京市西三环北路1号

　　发行部电话：010−68795350

经销：新华书店

印制：北京楠萍印刷有限公司

开本：787×1092　1/16

字数：150千字

印张：10

版次：2012年5月第1版

印次：2012年5月第1次印刷

书号：ISBN 978−7−80176−789−9

定价：29.80元